U0081134

凱信集團

**用對的方法充實自己，
讓人生變得更美好！**

凱信集團

用對的方法充實自己，
讓人生變得更美好！

全插畫圖解

優雅孕媽

不發胖

熟齡孕媽咪

養胎不養肉

聰明吃、快樂動，好孕全記錄！

熟齡懷孕的心路歷程

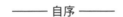

什麼！？

當驗孕棒出現「兩條線」，小陸媽咪的頭頂立刻長出三條線！還有一堆驚嘆號與問號圍繞著我⋯⋯除了老大、老二之外⋯⋯我要迎接徐老三！？

不會吧！！！！⋯⋯我⋯⋯我⋯⋯我都幾歲了⋯⋯適合嗎？生三個太多了吧？姊妹們相差十幾歲會不會太遠？現在的年齡還適合再生寶寶嗎？身體狀況會不會難以負荷？

最現實的問題擺在眼前——

小陸媽咪的年齡已經逼近「四」字頭，熟齡懷孕⋯⋯是不是有很多問題？

孩子會健康嗎？我的能力足夠嗎？孕媽咪之路，我真的能準備好嗎？

從「驚嚇」到「接受自己又要成為孕婦」，這段過程其實累積很多壓力，我不只向醫生諮詢，也跟神明請示（笑），好在我的婦產科黃昭彰醫師給我很大的信心與鼓勵，我家隔壁鹿耳門聖母廟的媽祖更賜給我一支吉祥上上

籤！小陸媽咪才漸漸做好迎接三寶的心理準備。

　　每個小生命都是老天爺送來的珍貴禮物，回想過去陪伴大寶二寶成長的過程，獲得的幸福與歡笑真是無以計數，但……好吧，老實說，我害怕的不只是生養寶貝，還有這個「大禮」附帶的其他「伴手禮」：疊加在媽咪身上的肥肉、肚皮上的紋路、孕期身體上的種種不適……

　　想到就覺得好累好累啊！

　　十幾年前懷孕，兩年連續生兩個，前一個胖的還來不及瘦，後面的體重又往上疊加，導致老二生完後，我的體重足足比大學時代多了快十公斤……花了快十年才用過人的毅力（汗～）：飲食與運動雙重控制下慢慢瘦回大學時的體重……這個過程對於超貪吃的我來說實在很辛苦！

　　怎麼辦──（吶喊）我不想再變得又醜又臃腫！

　　這一次，我期許自己除了當個開心從容做自己的孕媽咪，更要克服懷前兩胎時遇到的「胖」問題，**熟齡懷孕，仍然要當個瘦美又健康的孕媽咪！**

　　做不做得到？

　　請看接下來的這兩張照片就是鐵證！**我做到了！**

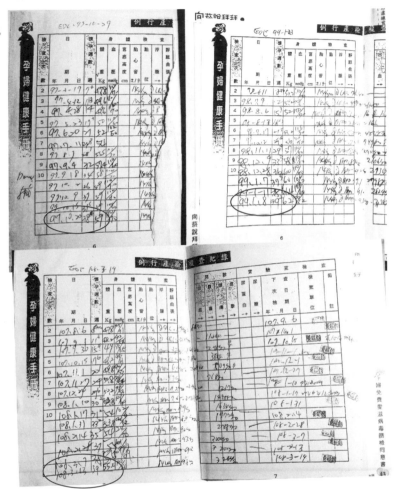

照片中可以清楚的看到三次懷孕產檢的全記錄……

民國97年第一胎：47.8kg胖到59kg

民國99年第二胎：50.2kg胖到62kg

民國108年第三胎：47.8kg 胖到55.2kg

第三胎的整個孕期只胖七公斤左右，現在生產完一年，我的體重又回到47.5kg，**比產前還瘦呢！**

　　更值得驕傲的是：肚子裡的寶寶還愈養愈大！老大出生體重3100g，老二3300g，老三竟然重達3500g！代表我的**「胖寶不胖媽」計畫，大、成、功！**

　　怎麼做到的？祕訣就在這本書裡！

　　更重要的是：本書中的觀念，**不限於懷孕期間，連產後也很適用！**

　　懷孕時有效控制良好體態，產後不用花太多力氣減肥，利用孕期養成「少量多餐」、「算卡路里」、「健康吃快樂動」這些好習慣，更有助產後體型的維持，產後如何吃？一樣可以跟隨本書中食譜，一日六餐、少量多餐！酌減「懷孕菜單」中較高熱量的油脂、澱粉類食材，用相同的邏輯來選擇飲食，正確規劃分量與順序，從此再也不需殘酷地減肥，就能長久維持健康美麗的身型！

　　維持體態的這條路，是一場結合毅力、耐力的人生馬拉松，就讓我們這些愛美的媽咪們彼此鼓勵，一起攜手跑下去！

自序：熟齡懷孕的心路歷程

Part 1 誰說孕媽咪一定會變胖 產後身材大走鐘？

▶ 為什麼產後減重那麼難？／013

▶ 懷孕到底能胖多少？何必斤斤計較這些數字？／017

▶ 小陸媽咪的第三胎作戰計畫：
比照日本標準，養胎不養肉／022

Part 2 熟齡產婦也能開心享瘦 面對真實的自己，當個自信孕媽咪。

▶ 破解熟齡產婦的魔咒：大齡一樣可以當辣媽！／029

▶ 如何訂定自己的懷孕體重控制計畫？／032

▶ 養胎不養肉：媽咪愈懷愈瘦，寶寶卻愈懷愈大！／037

▶ 懷孕三階段的飲食重點／038

▶ 開始欣賞自己！把「量體重」變成每天早上的第一件事／041

▶ 養成適合自己的運動習慣／045

▶ 懷孕，還能運動嗎？／047

▶ 聽聽專家說法：
健身教練對孕媽咪的運動建議 ※陳韋達教練／050

Part 3 每天吃六餐、身心都輕鬆 健康吃、快樂吃。

▶ 飲食控制：「進食順序」竟然這麼神奇？／055

▶ 小陸媽咪一日六餐飲食經驗分享／060

▶ 體重控制：孕期肥胖的風險多多！／067

▶ 心情控制：每天都要開心生活！／070

Part 4 優雅孕媽咪的美味魔法食譜
　　　　看過來，健康營養低卡料理在這裡！

▶ 養胖寶寶卻不胖媽咪的飲食魔法／081

▶ 不同孕期該怎麼吃？／090

▶ 小陸媽咪的美味食譜／098

　　＊健康上菜！輕盈低卡三日餐／100

　　＊優雅上菜！健康營養三日餐／118

　　＊外食輕鬆配！外食輕鬆配三日餐／151

▶ 健康美食自由配／170

Part 5 懷孕動一動，寶寶健康發育，媽媽有活力
　　　　輕鬆小運動，大大加健康。

▶ 孕婦運動好處多多／177

▶ 動起來：早中晚的孕婦運動／181

　　＊早上起床運動：伸展肢體，迎接有精神的一天／181

　　＊下午時段伸展運動：一天五到十分鐘基礎伸展運動，告別
　　　腰酸背痛、輕鬆雕塑線條／184

　　＊睡前運動：拉筋、抬腿，幫助提升睡眠品質／188

Part 1

誰說孕媽咪一定會變胖

產後身材大走鐘？

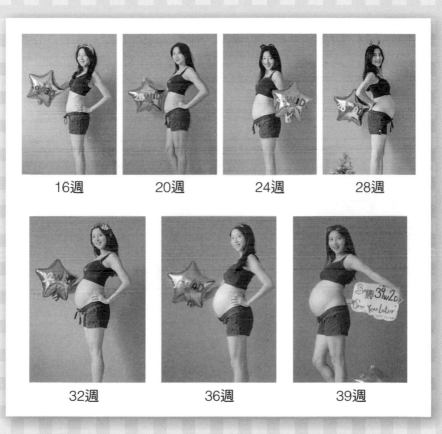

16週　　　20週　　　24週　　　28週

32週　　　36週　　　39週

從懷孕10週、20週……一直到孕期39週，看我的手、腳、
臉、下巴……幾乎都沒有太大變化哦！（實況無修圖）

產後身材大走鐘？

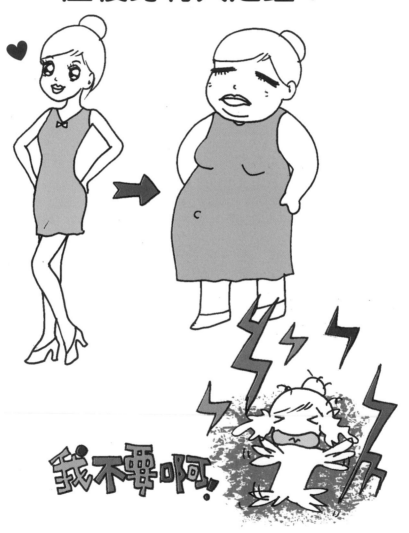

為什麼產後減重那麼難？

◆ 大家一定想問我，前兩胎懷孕時是不是胖很多？

其實沒有耶！我有乖乖遵照醫師規定，兩胎都控制在十到十二公斤內，第一胎懷孕前是47.8公斤胖到59公斤，第二胎懷孕時是50.2胖到62公斤，都沒有超過十二公斤的標準值，照道理說，應該不難恢復。當時我還記得懷孕的過程常被人說「沒有胖很多！」「控制得很不錯喔！」因而沾沾自喜，認為自己一定可以在產後迅速恢身材。但，生完才知道，我錯了⋯⋯

我不知道是不是我的體質特別奇怪？一般人生完會少掉寶寶、羊水、胎盤、體內水分的重量大約五到六公斤，但是我生完幾天後量體重，兩胎都只少了三到四公斤，肚子也沒有如同想像般消失，反而還是像懷孕六七個月時的超大狀態⋯⋯說真的，比較懷孕期肚子裡有寶寶的實在感，生完之後感覺更詭異——又鬆又垮又軟、肚子裡的器官東晃西晃，一定要用束腹帶固定起來，否則連走路都不平衡⋯⋯最令我驚恐的片刻，發生在孩子滿月時回婦產科回診，我站上體重機，以為至少可以去掉大部分的體重，卻看到⋯⋯**我竟然快回到生產時的體重！**

明明懷孕只胖10～12公斤左右，
為什麼產後還是瘦不下來？！➡

這個傢伙都已經出來了，
為什麼我的體重卻沒有變少？

這絕對是體重機壞掉了吧～～～告訴我這不是真的！

然後護士妹妹溫馨提醒：「接下來可以開始控制飲食了喔！」

是呀……我已經好久好久好久沒有檢視自己的飲食計畫了。懷孕名正言順的吃、坐月子期間為了補身而大吃、以「哺乳衝奶量」為理由整天狂灌湯湯水水……其實我根本沒有仔細思考：「吃下的這堆食物，我真的有需要嗎？」

◆ 身材走樣，其實飲食習慣要負起很大的責任

當下，我下定決心，孩子滿月後我要努力執行減肥計畫！但是，事情沒有這麼簡單……我發現，生產後的生活，其實很難減肥，主要原因有幾個：

第一　懷孕時錯誤的觀念，認為一人吃兩人補而想吃就吃，養大了胃口，吃東西不但不算熱量還猛塞猛灌，導致嘴巴一停下來就覺得可以再吃點什麼。這種餓不是真的餓，而是嘴饞壞習慣！

第二　哺餵母乳時的飢餓程度確實很驚人，每次擠完奶就想大吃一頓，可是你知道嗎？哺餵母乳消耗的熱量沒有想像中多唷！「國際母乳哺育期刊」指出，餵母乳一整天平均可以消耗四百到五百卡的熱量，相當於慢跑一小時。但是四百卡其實很少！一個咔啦雞腿堡、一塊奶油蛋糕或一碗泡麵都會超過四百卡，假設每天擠五次奶，每次擠完都來一頓大吃，長期下來，多出來的熱量當然不是變成母奶，而是累積進媽咪的身體裡……

第三 照顧孩子的壓力，往往讓人想用「吃」發洩，尤其是像我這種對食物充滿熱情的媽咪，每次一哄睡孩子或是得到獨處的時光，就忍不住想來個甜點、零食犒賞自己，吃完才後悔莫及……

總之，生完小孩，其實最多只會去掉六到七公斤的體重，所以，如果不想邊帶小孩還要辛苦的減肥，那麼，就**應該從懷孕過程的體重控制開始！**

懷孕到底能胖多少？
何必斤斤計較這些數字？

以下為衛福部提供的《懷孕體重增加標準》：

懷孕前的身體質量指數（BMI）*	建議增重量公斤（磅）	第二和第三每週增加重量公斤／週（磅／週）
＜18.5	12.5-18 (28-40)	0.5-0.6 (1-1.3)
18.5-24.9	11.5-16 (25-35)	0.4-0.5 (0.8-1)
25.0-29.9	7-11.5 (15-25)	0.5-0.3 (0.5-0.7)
≧30.0	5-9 (11-20)	0.2-0.3 (0.4-0.6)

*身體質量指數BMI＝體重（公斤）／身高^2（公尺^2）
資料來源：美國婦產科學會
（The American Congress of Obstetricians and Gynecologists, ACOG）

（資料來源：衛生福利部）

　　但是這個表格有個陷阱！大家有發現它的資料來源嗎？
是「美國婦產科學會」唷！美國人對於懷孕的體重標準，是
相對寬鬆的。衛福部也有在網站的文章中提出對國內孕媽咪
的建議：

＊透過孕前的身體質量指數適當的調控孕期體重

準媽媽孕期的體重該增加多少？應以其孕前的身體質量指數（BMI）值來計算，以做為孕期體重增加調控參考；建議增加10-14公斤為宜，且須注意體重增加的速度。例如：懷孕前婦女BMI小於18.5屬於體重過輕者，整個孕期建議增加約12.5-18公斤，於第二、三孕期每週增加0.5-0.6公斤；BMI在18.5-24.9之間者，則建議增加11.5-16公斤，於第二、三孕期每週增加0.4-0.5公斤；孕前體重為過重或肥胖、BMI在25-29.9者，則增加重量建議控制在7-11.5公斤；BMI≧30、肥胖的準媽媽，整個孕期建議控制在5-9公斤以下。

＊身體質量指數 VS 孕期體重增加值

身體質量指數 （BMI）	增加體重 標準範圍	備註
BMI＜18.5	12.5-18 kg	於第二、第三孕期每週 以增加 0.5-0.6 kg 為宜
BMI介於 18.5-24.9之間	11.5-16 kg	於第二、第三孕期每週 增加 0.4-0.5 kg 為宜
BMI介於 25.0-29.9之間	7-11.5 kg	整個孕期體重增加不宜 超過 11.5 kg
BMI≧30	5-9 kg	整個孕期體重增加 不宜超過 9 kg

＊BMI值計算公式：

BMI＝體重（公斤）／身高²（公尺²）

例如：一個50公斤的人，身高是160公分，

則**BMI**為：50（公斤）／1.6²（公尺²）

＝50／2.56＝約等於19.5

體重正常範圍為 **BMI**＝18.5～24

　　一般身材的媽咪們，BMI大多會落在第二個區間，也就是18.5-24.9之間，衛福部建議可增胖11.5-16公斤。

　　不過我懷第一胎、第二胎時，BMI僅介於18.75～19.75之間，婦產科黃醫師仍提醒我盡量不要胖超過12公斤，未來比較好恢復。

　　小陸媽咪很乖喔！都聽醫生的話，剛好胖滿12公斤，不過……醫生你騙我！生完後三年，我還是沒有恢復啊！（喂！不要怪醫生，明明是妳自己的錯！）

＊小陸媽咪前兩胎體重表格

胎數	第一胎	第二胎
★ 懷孕前	47.8	50.2
★ 懷孕後至生產前	59	62
生產後一週	56	58
生產後一個月	54	56
生產後一年	接續懷第二胎	54
生產後三年		53

生產完數年後，仍有五公斤的肉消不掉……

一定也有不少人覺得，奇怪，不過多個幾公斤，幹嘛斤斤計較？讓我告訴你原因，你就知道我的痛苦了。

生完小孩的身體跟青春少女的身體不太一樣，腰腹部因為擴張過，極容易鬆弛，以前年輕時多個幾公斤，肉好像會均勻擴散，看不太出來，但是生完小孩後，每多出一公斤，這些肉肉好像會找適合堆積的地方去——沒錯，就是媽咪鬆鬆的腰腹部！

為什麼？？？
肚皮沒有縮回來？

所以，就算體重的數字不是很誇張，但是體型比例就會很不對，四肢瘦、中間胖，看起來像個圓滾滾的葫蘆，如果不控制，這種身材就會讓自己看起來「媽」味十足，誰也不想在生完後持續被誤認為孕婦吧？

要消除腰腹部的肥胖與這些多出來的體重，需要配合長期抗戰的飲食計畫加上針對各部位贅肉的塑身運動，才能慢慢改善。如果不想在生完孩子之後花太多心力塑身，那，何不反其道而行，在懷孕過程就積極控制身材呢？

這樣不但能得到許多人驚豔的眼光（原來孕婦也可以瘦瘦美美？），也能免去未來減肥的壓力，迅速在產後回到原本的自己唷！

小陸媽咪的第三胎作戰計畫：
比照日本標準，養胎不養肉

這次一定要當個 瘦美孕媽♥

下定決心、立定目標，就要來尋找執行的方法與方向囉！

我想到，日本的孕婦懷孕一樣纖細美麗，她們到底都胖

多少呢？

查了相關資料，哇……**日本懷孕的標準比臺灣嚴格太多了吧！？**據說大部分的孕婦都被規定不可以胖超過七公斤！

妊娠前のBMI 18以下の 「やせ」タイプ	妊娠前のBMI 18〜24の 「標準」タイプ	妊娠前のBMI 24以上の 「太ぬ」タイプ
⬇	⬇	⬇
妊娠中の 最適體重增加 10〜12 kg	妊娠中の 最適體重增加 7〜10 kg	妊娠中の 最適體重增加 5〜7 kg

胖七公斤不會太少嗎？

原來，日本因為鼓勵自然產，反而認為胎兒不要太大，大約控制在三公斤左右比較好生，而且母親體重增加太多，產道會變窄不利於自然產，這就是為何日本孕婦嚴格執行體重管理的原因，**避免胎兒與母親因過重而增加生產風險。**

只增加七八公斤，寶寶會不會太小？

日本嬰兒的平均體重是三公斤，也是標準大小！所以可以證明：母親控制體重，寶寶也依舊會健康成長，而且孕期增加的體重完全胖在寶寶身上，生完可以迅速瘦回來，孕期間也可以穿的美美、維持美好體態，當個身材不走鐘的漂亮媽咪！

不要胖太多，除了好生之外，還有其他的優點──就是可以避免許多因為過度攝取糖份澱粉、快速發胖造成的懷孕病徵。

孕期若體重增加太快，容易患妊娠高血壓、糖尿病、妊娠毒血症，這也是為什麼臺灣孕婦常要喝糖水測妊娠糖尿病的原因之一──臺灣孕婦增胖的幅度其實有點太大！孕期如果持續控制飲食與身材，反而對於孕婦的健康、寶寶的順產都有幫助，更可以預防水腫與妊娠紋的發生。

不過……要怎麼只胖七公斤？感覺很不容易。

尤其小陸媽咪又具有得天獨「厚」的好體質，不孕吐、不害喜，懷孕過程少有不適，相對就會很容易胖。很多朋友在懷孕初期害喜嚴重，體重不增反減、吐掉好幾公斤，小陸媽咪則是相反，懷孕初期到中期每天都超餓！不吃還有點反胃（一定是我貪吃的體質都遺傳給寶寶，才會無時無刻都很想吃吧）！（暈）

如果這一胎我想比照日本懷孕標準的話，該怎麼吃好呢？

看一看日本醫師開給日本孕媽咪的標準烹飪方式……

天啊！好嚴格，像減肥餐！青菜要用水燙，肉、魚、雞蛋、大豆製品都嚴格限量，牛奶只能喝一杯，水果一次只能吃

一手握得住的份量，糖、油一天不可以攝取超過兩湯匙……這實在太辛苦了！

清淡嚴苛的減肥式料理，我沒辦法接受，不過……**我倒有別的應變方法！**

最近這兩年我為了瘦身回到大學時的體重，在飲食習慣上下了不少工夫，規劃了許多美味低熱量卻份量十足的食譜，也保持每天簡短但固定的運動。這次懷孕，我們就來實驗看看，照我的美味瘦身食譜吃，是不是能**兼顧營養飽足、養胎養健康卻不養胖？**

從現在開始，就用自己當例子來實驗看看吧！

Part 2

熟齡產婦也能開心享瘦

面對真實的自己，
當個自信孕媽咪。

生完老二時的圓圓體態

生完老三反而愈
顯纖細的體態

十年前十年後猜一猜？
27歲、29歲、38歲，相隔十一年卻愈生愈瘦！
肥肥圓圓到下巴尖尖……有圖有真相！

面對真實的自己，
當個自信孕媽咪！

不論我是怎樣的我，

都是我自己 ♥

最喜歡·最美麗·最有自信

的... 我自己

我喜歡我自己的樣子。

破解熟齡產婦的魔咒：
大齡一樣可以當辣媽！

◆ 何謂高齡產婦？

34歲以上懷孕、35歲生產，根據衛福部的定義，即稱為高齡產婦。

根據內政部統計處106年度的統計，**臺灣目前高齡產婦的比例已經到達27.7%**並且不停往上攀升，也代表著**平均四位孕媽咪，就至少有一位以上進入「高齡俱樂部」**，年過四十，試著懷孕生子的更是大有人在。

雖然國家一直宣導要早點計畫生育，不過「生寶貝」這件事哪有那麼簡單？現代人壓力大、開銷大、晚婚，常常影響到懷孕生子的意願。所以，像小陸媽咪這種勇於挑戰三寶的家庭真的愈來愈少，應該要頒發獎狀以資鼓勵！（離題）……

小陸媽咪懷第三胎時37歲，三寶出生時38歲，早已過了高齡標準，呈現「熟齡」狀態……熟齡孕媽咪，就一定會問題多多嗎？

◆ 高齡懷孕，到底有什麼風險呢？

許多研究顯示：35歲過後人體邁向老化，高血壓、糖尿病等慢性疾病逐漸產生，倘若罹患妊娠高血壓，那引發子癇前症導致水腫、噁心嘔吐、頭痛、腹痛、視力模糊等種種症狀的機率也會增加，亦容易快速增胖（如一週一到兩公斤），增重速度過快容易引發妊娠糖尿病，增加母親與胎兒的健康風險。沒想到……這次的孕程，比十幾年前的孕程更舒適！主要原因有幾個：

1. 懷孕當時的身體狀況佳
2. 懷孕中行動自如的良好體態
3. 懷孕期間嚴格計算熱量的飲食計畫
4. 懷孕過程持之以恆的適度運動

十幾年前的我，不懂得挑選合適的飲食，只吃想吃、喜歡吃的，珍珠奶茶、鹹酥雞來者不拒，認為自己懷孕了應該不需要運動，整天坐著、少走少站，胖多、身體負擔大，常常筋骨痠軟、腰痠肩痛。

但現在的我，改變了飲食習慣：大量吃富含纖維質的蔬菜、減少攝取高熱量食物、晚餐完全戒吃澱粉來減輕身體負擔，並養成自己可負荷的輕量運動習慣：每天十到十五分鐘的有氧律動以緩解肌肉痠痛、增加核心肌力……以上幾項，確實讓身體機能逆齡發展！

黃昭彰醫師補充

　　34足歲以上在產科分類上稱為高齡產婦（熟齡孕婦）。

　　醫學統計上有較高的胎兒染色體基因異常，及胎兒形態發生異常。依目前臺灣產檢的一般水準，99％皆可產前檢出。主要產檢內容，較一般孕婦（34歲以下）產檢多兩項：即高階超音波檢查（Level II Sono；於20至24週實行）及羊膜穿刺術（抽取羊水送檢胎兒染色體及基因晶片；於16週至20週實行）。目前科技發達，採用非侵入性母血檢驗胎兒染色體基因陣列，也可達到99％的精準，對於害怕肚皮挨針抽羊水的孕婦們實在是一大福音。

　　此外，高齡產婦第二孕期（13週至28週）、第三孕期（29週至足月40週）有較高的早產率及產前出血率。解決方法有：

1. 體重控制。

2. 每日適時休息（依產婦職業類別不同，例如：輪班與否）。

3. 暫時調換工作內容或移動職務（俗稱怠工30％），同事間應相互體諒。

4. 停止騎機車、腳踏車、搭飛機等行為，選擇走路、軌道交通工具及開車。

　　高齡產婦較一般產婦，雖然生理上屈居劣勢，但心態較成熟，自律性佳，社會履歷資源較豐富，若依上述注意事項行之，則妊娠生育風險即下降至一般水準，也不需要過度擔心。

如何訂定自己的懷孕體重控制計畫？

《小陸媽咪的兩大步驟》
一、量體重、先算出自己的BMI
二、擬定體重增加的計畫與目標

◆ 量體重、先算出自己的BMI

　　第一次產檢，醫院就會毫不客氣地開始記錄孕媽咪當時的體重，所以就算是沒有量體重習慣的準媽咪，也可以藉著「體重除以身高平方」的公式算出自己的BMI數字。藉由這個「身體質量指數」，可以用科學的依據來規劃體重增加的目標。

　　一般來說，懷孕初期偏瘦的孕媽咪本來就需要儲存多一點的能量來供給身體的變化；中等身材的孕媽咪，則可以為自己立定一個比較嚴謹的目標，這樣後期就算略為走鐘也不至於失控的太嚴重；如果還未懷孕就已經是肉肉身材的可愛孕媽咪，依日本標準，更要嚴格控制不可以增重超過七公斤，甚至要在五公斤左右唷！因為體內蓄積的脂肪量已經比一般孕媽咪足夠，必須攝取正確的食物，要更嚴謹的抗拒高熱量、低健康的錯誤食物，避免造成寶貝跟自己的健康問題。

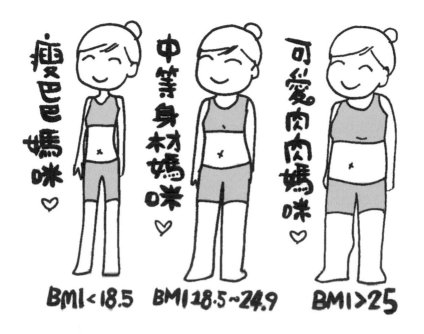

瘦巴巴媽咪♡　　中等身材媽咪♡　　可愛肉肉媽咪♡

BMI < 18.5　　BMI 18.5~24.9　　BMI > 25

◆ 擬定全孕期體重增加的計畫與目標

要設定什麼樣的間距呢？

小陸媽咪**建議是以四週，甚至每兩週為一個單位來檢視自己。**

日期的設定可以使用自己的產檢日，畢竟四週一次（後期兩週一次）的產檢都會量體重、血壓、寶寶重量，很方便自己做記錄，可以一併把血壓、寶寶重量記錄在自己的計劃表內。

＊孕期體重計畫表：請您也來填填看！

孕期體重增加目標：8~10公斤	理想體重（可將範例塗改為自己的標準）	飲食控制重點	實際體重（請記錄）	溫馨小叮嚀
懷孕前	50 kg	健康飲食準備懷孕		
月　　日（第五週）	50 kg	清淡飲食、尋找孕吐時吃得下的食物（吃不下也沒關係）、開始為孩子改變不正確的飲食習慣		寶寶會自帶便當（卵黃囊），因此初期不需靠母親補給，母親亦不用增加體重
月　　日（第九週）	50 kg	避免攝取不健康的營養，多吃蔬菜與葉酸類食物（可補充葉酸錠）		無須擔心體重減輕，現在寶寶還無法攝取大分子食物
月　　日（第十三週）	50.5 kg	正常飲食、健康吃，十二週以前維持懷孕時體重即可！		此階段寶寶大約僅200克，不用擔心他長不夠吃不夠
月　　日（第十七週）	51 kg	進入第二孕期，葉酸跟蛋白質都重要！適量補充奶、蛋、豆、魚、肉，澱粉類則可開始練習克制！		此階段寶寶不到400克，羊水量、胎盤也都不大，胖的體重多是胖媽咪喔！

月　　日（第二十一週）	52 kg	這段時間寶寶快速吸收小分子營養，媽媽奶粉、孕婦維他命都可以補充！飲食上維持正常，不須刻意加量！晚餐少吃澱粉！		孕吐減緩，開始變餓，這個月寶寶會陸續長到六七百克！很少人發現妳懷孕嗎？恭喜漂亮辣媽！繼續保持！
月　　日（第二十五週）	53 kg	寶寶開始吸收大分子食物了！為了寶寶與自己，請戒除高糖高鹽高油的食物，多吃蔬菜、水果、奶蛋豆魚肉，晚餐戒澱粉！		肚子開始明顯隆起了！寶寶正式登上1000克大關！這個階段要小心別胖太快喔！
月　　日（第二十九週）	54 kg	寶寶吸收速度變快，多補充富含鐵質、鈣質、蛋白質的食品，嚴格控制澱粉，午晚餐都可用奶蛋豆魚肉菜類來取代飯或麵！用無糖花草茶、媽媽牛奶取代甜飲料！		唉唷，每天都好餓喔！但為了美美的體態，請遵守：「早餐吃到飽、午餐吃得好、晚餐戒澱粉，絕不吃宵夜」的飲食原則！胖少一點可以減緩妊娠紋發生的機率！

月　　日 （第三十三週）	55.5 kg	養成晚餐不吃澱粉的習慣，與少量多餐不過飽不捱餓的飲食方式。鈣質很重要，肚子餓的時候就泡一小杯媽媽牛奶（約三匙奶粉）解餓補鈣補營養！		哇！寶寶準備登上兩公斤大關！開始進行寶寶增胖計畫！媽媽牛奶、雞精都是讓寶寶健康快速成長的好推手！
月　　日 （第三十七週）	57 kg	孕期到了尾聲，如果寶寶不夠大，才需多補充牛肉、雞精；如果寶寶夠大，那媽咪可以控制飲食與體重，不需要再增胖。		寶寶是不是大到快要可以生了呢？太大太小都不好，3000克就是標準體重，媽咪也比較好生喔！
月　　日 （第三十九週）	58 kg	最後的孕期，想吃什麼就吃吧！但是把握「少量多餐吃七分飽」的原則才不會卡到肚子緊緊不舒服！		肚子好大好大喔！期待寶貝的來臨！後期的體重不失控，可有效避免併發症、幫助順產！
總體重 共增加	8 kg	太棒了！ 準備開始享受月子餐囉！		恭喜辛苦的孕媽咪！寶寶，歡迎光臨！

養胎不養肉：
媽咪愈懷愈瘦，寶寶卻愈懷愈大！

　　小陸媽咪的第三胎懷孕之路，嚴格遵守自己給自己設下的《孕期體重計畫表》來監管自己，成果相當不錯！沒想到比較起十幾年前的經驗，我懷三寶到生產前只胖7.5公斤，竟然比二寶時代的體重還輕了將近七公斤！而且三寶的體重比兩個姐姐都還要重！媽咪真的只胖寶貝沒有胖到自己，很有成就感呢！

　　整個過程當然控制得很辛苦，為了讓身體補充健康又正確的能量，咬牙放棄許多熱愛的美食，但是到孕期的尾聲，站在鏡子前，超有成就感的！

1. 我依舊可以自豪的認定：「我是個看不出三十八歲的辣媽喔！」

2. 孕期過程留下的照片，不但沒有臃腫的醜照，相反的容光煥發精神奕奕，比二十幾歲懷孕時看起來更有朝氣！

3. 連水腫、行動不便、髖骨不舒服等症狀都比前兩胎舒緩。

4. 妊娠紋一條都沒出現，就連一二胎超明顯的妊娠中線，這次都幾乎沒看到耶！所以我覺得**嚴格控制體重與飲食、調養健康孕程真的很重要**……這九個月的克制口慾，到孕期的尾聲，看著自己的體型──確實非常值得！

　　接下來就開始分享小陸媽咪執行「孕期體重控制」的各種撇步吧！

懷孕三階段的飲食重點：

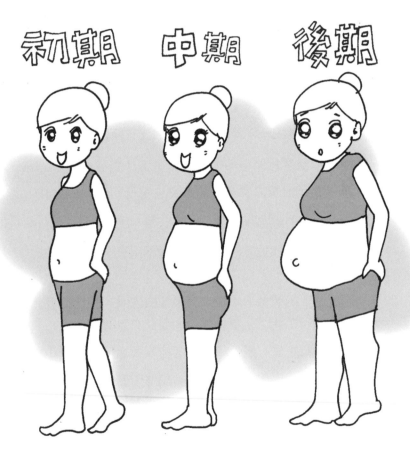

初期　　中期　　後期

◆ 懷孕三階段對於營養的不同需求

　　小陸媽咪整理一下**臺南婦產專家黃昭彰醫師**告訴我的資訊：

＊懷孕三階段的營養需求表

懷孕階段	孕程	營養需求重點
初期	前三個月	1. 主要是器官與神經發育期，寶寶會自己攜帶卵黃囊所以不需刻意補充營養。 2. 此階段食物分子對胚胎來說幾乎都太大無法吸收，服用葉酸營養錠、媽媽維他命、媽媽牛奶……等營養品反而好吸收。 3. 孕吐也無須擔心，不想吃、吃不下就別吃吧！重要的是多休息、調適愉快的心情，而非是飲食進補。
中期	四～六個月	1. 寶寶開始長大囉！骨骼發育加速、身體變大變長，所以媽咪要多補充鈣質，也要適量且均衡的攝取蔬菜、奶、蛋、豆、魚、肉類各項營養。 2. 本階段寶寶的大小也不過由一顆小檸檬長成一顆愛文芒果大，不會超過一公斤，媽咪只要正常吃，熱量就足夠提供寶貝成長，不須刻意吃多！ 3. 重點是戒除垃圾食物，持續補充孕婦維他命與媽媽牛奶，提供寶寶好吸收的小分子營養素。

後期	七～九個月	1. 此階段寶寶迅速成長、胎盤變大、臍帶大量傳遞營養給寶寶吸收，母親攝取的食物成分會很直接地轉化給孩子，要嚴選自己攝取的食材，魚、肉、蛋、豆類的蛋白質以及各種富含鈣質、纖維質的食物都非常重要。 2. 請注意！澱粉類、糖分高的水果、高油高糖油炸類的食物都只會讓孩子過大過胖，造成母子的肥胖風險，一定要克制！ 3. 飲食要正確選擇、少量多餐，媽媽牛奶、雞精、牛肉都是飢餓時補充體力的好幫手，也能快速衝刺寶貝的體重。

◆ 孕期三階段的體重分配

參考日本婦產科醫師開給孕婦的增重比例，大約可換算為：1：2：2。

也就是，若把全孕期的體重分配為五份，初期：中期：後期，分別應該以1：2：2來分配，初期增加總體重的1/5，中期與後期各增加2/5。如果初期無增加更好，後期則可以再有多一點點「摳打」，因為後期真的很容易想大吃大喝啊！

訂立好體重管理標準，接下來準備迎接最難的部分，也就是：「執行」。

要讓自己養成控制體重的習慣，最重要的就是建立正確的飲食觀念與適度的運動計畫。我是這樣做的……

開始欣賞自己！
把「量體重」變成每天早上的第一件事

「量體重好可怕！我不要！」

「不知者無罪，當作不知道，過一天算一天卡輕鬆啦！」

……

面對體重機，很多人總是有莫名的恐懼。

可是，如果不站上體重機，妳永遠不會知道自己其實可以面對它、控制它、改變它！

從小我就是胖體質，所以很怕量體重，卻又常常為了減肥而非量不可。連生兩個姐姐之後，放縱了幾年，根本不想看到體重機，但隨著自己的身體愈來愈笨重，鏡子裡的臉愈來愈圓，我終於受不了肚子上的肥油，打算力行體重控制計畫。在這項計畫裡，除了必要的「體重機」之外，我還準備了兩樣輔助的致勝工具：

一、LINE 群組

兩三年前跟同為人妻人母的好姊妹們拉了一個「腹愁者聯盟」的減肥群組，規定每天早上起床大家都要報告體重（很可怕吧！？）然後我發現……為了每天早上的體重任務，我開始超認真的控制自己！在報告體重的一年後成功瘦了許多，群組裡的姊妹們也都大有成效，紛紛恢復成凍齡辣媽，可見人真的需要一點壓力，「體重機」就是個讓自己認清自己的好幫手。

養成量體重的習慣之後，妳會慢慢發展出一套生活規律：起床後站上體重機檢視自己昨日的成果，是否有維持住標準的體重，還是因為大吃大喝付出代價？

為了對得起自己的良心、為了維持美好身材的目標，前一夜睡前難免有飢餓想吃宵夜的時候，卻會因此克制自己，期待明天站上體重機時，數字不要太難看……

二、全身鏡

除了體重機之外，還有一個不可或缺的重要幫手，那就是「照妖鏡」！呃，好吧，就是一個可以照自己全身的連身鏡啦！光看體重有時候不太準，沒辦法看出體型，像我的體重並不胖，但是「中廣西洋梨身材」很不妥，這就要靠「照妖鏡」的加持讓我知道要針對局部來運動、雕塑體態。當然，現在的體重機大多會附有測量BMI、體脂肪、基礎代謝率、身體水份、內臟脂肪……等等功能，也有助於監管自己的健康！

接受自己=喜歡自己！
肉肉的我也很可愛，
但是再控制一點，我會更健康♥

所以，要欣賞自己、控制自己，就必須先正視自己。

養成每天早上量體重的習慣，對著鏡子檢視自己，接受自己，才能更愛自己，更想維持住自己的樣子。

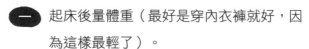

◆ 從確定懷孕開始，我每天都會花五分鐘進行以下的「小儀式」：

 一　起床後量體重（最好是穿內衣褲就好，因為這樣最輕了）。

 二　走到鏡子前看看剛起床時的自己，對自己笑一笑。

 三　趁此時好好幫自己擦上乳液，尤其是胸部、肚皮與大腿～從孕期一開始就保養，對於抑制紋路、緊實肌膚有很大的幫助！

懷孕期間，我就是這樣帶著愛自己的好心情，再開始準備早餐、叫女兒起床，展開新的一天。

養成適合自己的運動習慣

小陸媽咪是個非常懶惰的人，超不愛運動的，所以年輕時代的減肥幾乎都是靠節食，很不健康！假日的戶外運動如爬山什麼的，我尚可接受，但是若是要天天持之以恆的運動，只要超過十分鐘，就會被我以「太累了」為由而輕易放棄。當然啦！身型也會因此鬆弛、累積過量的體脂肪。

好在過去兩三年，我終於找到了一個非常非常簡單、天天都能進行、可以雕塑胖胖的水桶腰跟寬厚的媽媽肩，連我都可以輕鬆跳完的10分鐘短運動──那就是從YOUTUBE上跟著韓國塑身女王鄭大牌一起跳「健身操」！

　　健身操百百種，小陸媽咪唯一偏好「十分鐘快速甩油操」！

　　為什麼？因為這是該系列中特別輕鬆簡單的，哈，只要十分鐘就可以完成，還會很均勻的拉到肩頸、腰腹部、大腿與全身的肌肉。要短期見到健身減肥的成效？這組健身操可能無法達到妳的要求；但是若是想長期抗戰、養成健康動一動的習慣？小陸媽咪大大推薦大家一起來試試看唷！如果能風雨無阻天天堅持每天十分鐘，大約三個月後會覺得自己的手臂線條開始緊實、腰部曲線略有增加，大腿跟屁股的贅肉更是有稍微結實一點，最棒的是──連腰痠背痛、駝背的老毛病都有改善！

　　而且，每天只要抽出十分鐘空檔，面對手機或電腦都可以做，不用舟車勞頓跑到舞蹈教室或健身房，對於又要工作又要顧家的忙碌主婦來說，真的是很實際的運動選擇，超級推薦！

懷孕，還能運動嗎？

很多孕媽咪都有這樣的疑問。

這還真的不一定，要看每個孕媽咪的體質，尤其懷孕初期還不太穩定，孕媽咪一定要衡量自己的身體狀況，千萬不要勉強！

小陸媽咪懷孕後，一度很沮喪的想，是否要放棄這持續了兩年多的「十分鐘快速甩油操」呢？那……我的蝴蝶袖、虎背熊腰，不就又要捲土重來了嗎？

我評估自己……反正也很常趴趴走，體質還不差，應該沒有嬌貴到連十分鐘的運動都不能做吧？再者，這組健身操的動作大多是緩緩的，以拉筋為主，有幾個稍大的動作可以靠自己發揮創意改變動作、適度調整難易度，調節成簡單一些，只要身體做起來不覺得不舒服就可以！

於是，我繼續嘗試每天跳十分鐘，不知不覺也持續整個孕期。

懷孕第三個月的某週，身體稍微不舒服，大約休息了五六天沒跳，反而腰痠背痛了起來。**我發現，躺著不動、少走少站的生活反而讓身體機能立刻走下坡。**等身體好些，恢

復跳十分鐘健身操後，腰酸背痛明顯緩解，就這樣持之以恆的跳到了32週一直到覺得肚子變得好大，有些動作稍嫌吃力，便在**33週到39週的孕期尾聲，視情況減量，每天僅跳三到八分鐘不等，著重肩頸腰腹伸展的部分。**

看看手臂、大腿與屁股，覺得自己雖然是「擴大」了一些，但是肉肉的線條並沒有鬆弛，還蠻有成就感的呢！

回顧自己這一胎與前兩胎的體型，這一胎緊實多了。前兩胎懷孕的過程，我做的運動都是比較基本的，例如：每天十到十五分鐘的散步、慢慢爬樓梯五分鐘，這些都很適合孕媽咪，不過缺點就是僅著重下半身的行走，沒有動到上半身，尤其是肩頸手臂與腰臀，對於緩解、調整肩頸與腰腹僵硬的功效並不大。前兩胎孕期常出現的肩頸痠痛、腰痠筋骨硬的症狀，在這個孕期倒是緩解很多！我當然無法肯定一定是健身操的關係，卻可以告訴大家，只要身體許可，適度的伸展運動絕對比過度保護自己的身體、久坐久站來的健康！

各位可以評估看看，用較舒緩、較柔和的方式來執行有氧動作，在不覺得不舒服的前提下，為自己找到適當的運動、合宜的份量。

「孕婦瑜珈」也是孕媽咪運動的好選擇！上過孕婦瑜珈的孕媽咪朋友幾乎都對這類課程讚不絕口，推薦大家試試！

另外，也聽說過不少「超能力孕婦」竟然在孕期間維持跑步、游泳的運動習慣，小陸媽咪還沒有勇氣嘗試這種「神人級挑戰」，不過，只要諮詢您的婦產科醫師，在醫師覺得健康無虞的情況之下，我想，孕婦也絕對享有運動的自由唷！

◆ 孕期適度運動的優點：

- 提升孕婦的體力
- 改善懷孕的心情
- 增加睡眠的品質
- 減緩體型的變化
- 保持身體的靈活
- 加強心肺功能、肌耐力，減少因少動而引發的腰痠背痛

  是不是好處多多呢？

　　無論妳選擇什麼運動方式，出發點都是為了自己與寶貝的健康，讓我們為了自己與寶貝，動起來！

聽聽專家說法

◆ 健身教練對孕媽咪的運動建議（陳韋達教練）

懷孕期間通常會分為三個孕期，33-39週已經是位於**第三個孕期也就是產前，這時候的運動要特別注意！**

• 運動前

仍跟未懷孕人士一樣需要有熱身的時間，例如，以慢走的速度，走8-10分鐘讓心率慢慢上升，再開始動起來。

• 運動中

則需要注意強度的調整，最適強度可以用簡單的談話測試去評量（以運動中仍能輕鬆對話為標準，若出現對話急促狀態，建議暫緩運動並調整呼吸）。

• 運動後

建議以較緩慢的速度去慢走或原定抬腿走的方式進行5分鐘的緩和，然後再做5-10分鐘的伸展。

另外，書中提到的「十分鐘快速甩油」影片，**有些動作可能未必完全適合孕婦執行。**例如，在後段有許多低頭起立的動作，可能會導致靜脈回流相對的阻塞而減少心輸出量，

要特別注意小心。建議在運動前，還是要先評估自身狀態或跟醫生討論是否適合運動為佳。

至於像是走樓梯、散步、跑步、游泳……這些運動，因都屬於有氧運動；而有氧運動的重點在於整合大肌群讓它們進而產生活動。

・走樓梯

是可行的，但由於孕婦懷孕期重心的轉變，在進行時最好是在有扶手的狀況下去進行。

・散步

是很棒的孕期運動！

・慢跑／跑步

如果懷孕前沒有規律實施，則不建議在孕期操作。

・游泳

也是個很棒的孕期運動選擇，在水中能讓體液重新分配、控制體溫；但像是潛水這類的水上活動就不適合了，因為水壓對孕婦跟胎兒都有風險。

DREAM FiT（夢啟動健身會館）共同創辦人／健身教練 陳韋達（Alvin）

https://www.facebook.com/DreamFiT.tw（DREAM FiT夢啟動健身會館）

Part 3

每天吃六餐、身心都輕鬆

健康吃、快樂吃。

第一胎（2007年）

第二胎（2009年）

第三胎（2019年／38歲）

看！我愈生愈窈窕～
愈吃愈健康、愈生愈美麗！

健康吃！快樂吃！

能吃就是福

孕期只胖7.4公斤的小陸媽咪，是怎麼做到的呢？

是不是在懷孕期間節食呢？

不不不，貪嘴如我，絕對沒辦法節食的！不只沒節食，每天我還很誇張的吃六餐！你沒看錯，就是六餐！

不過，這六餐可不是餐餐吃到飽，而是「有訣竅」的飲食。

懷孕期間，只要能做到「飲食控制」，就能做好「體重控制」，再加上要保持舒適的身心，才能開心度過健康快樂又美麗的孕程！

飲食控制：
「進食順序」竟然這麼神奇？

疑惑的媽咪。思考要吃什麼？

◆ 聰明分配吃東西的時段，不只瘦身更添健康

相信大家一定聽過一句健康飲食的金科玉律：**「早餐吃得飽，午餐吃得好，晚餐吃得少。」**這句老話，就是控制體重的不二法門！

貪吃的小陸媽咪很不耐餓，可是在生完老大老二後，為了減去身上多餘的五六公斤肥肉，勢必要進行節食計畫，而酷愛美食的我，無法接受坊間流行的「水煮減肥餐」、「三日減肥食譜」等等沒味道又不好吃、忌口捱餓的方式，為了滿足自己的口腹之慾、兼顧消脂減肥，我多方實驗後慢慢發現……

減肥致勝的關鍵，就是：

---

1. 開心正常的大吃早餐

2. 樂吃飽，但是減少澱粉攝取量的大吃午餐

3. 下午可以來一點點甜食餅乾，暖心暖胃

4. 「傍晚五點後不吃東西」（這是最重要的！）

這樣的減肥方式，可以藉由傍晚以前的早、午餐與點心時間滿足口腹之慾，只需要克制自己晚上的飢餓感，相較激烈的節食減肥來說，溫和許多。雖然晚上真的會頗餓，但告

訴自己：「撐到明天早上就可以大吃特吃了！」心裡就會好過許多。

倘若五點後真的餓到受不了，可以燙一把青菜、乾煎一片雞胸肉，或嚴格要求自己攝取總熱量低於兩百卡內的輕食。久而久之，身體會養成習慣，覺得晚間的飢餓是正常現象，慢慢也就不覺得難過了。

過往幾年，我靠實行這樣的飲食方式，一週五天（週末還是會犒賞自己正常快樂吃喝，週一再藉控制減回來）慢慢回到大學時代的體重。

懷孕後，晚餐不吃是不行的，但身體已經習慣夜晚進食較少，所以，我重新規畫了一套以「早餐吃得飽，午餐吃得好，晚餐吃得少」為中心思想的飲食守則。

◆ 有研究掛保證的飲食守則

先來聊聊「早餐吃得飽，午餐吃得好，晚餐吃得少」這句話有何根據吧！

不只是臺灣人有這句俗語，德國諺語：「早餐吃得像皇帝，午餐吃得像國王，晚餐吃得像乞丐（Frühstücken wie ein Kaiser, Mittagessen wie ein König und Abendessen wie ein Bettler）」，也是這樣的意思。

根據國外網站「Food navigator.com」的報導指出，一篇刊登在「肥胖期刊」上的研究，針對近百位體重過重的女性，進行飲食控制實驗。

兩組同樣每天給與總熱量1400卡的三餐，但是將三餐的熱量做不同的分配：

總熱量1400卡 ※ 食物的內容都一樣，只是進食順序相反	
「早上吃飽中午吃好 晚上吃少」組	「早上吃少中午吃好 晚上吃飽」組
早餐：給予700卡熱量的大餐 **午餐**：控制在500卡內的健康 飲食 **晚餐**：提供200卡低熱量高纖 食物	**早餐**：提供200卡低熱量高纖 食物 **午餐**：控制在500卡內的健康 飲食 **晚餐**：給予700卡熱量的大餐
持續進行12週的最終結果	持續進行12週的最終結果
勝 ★體重平均竟減了8.7公斤	★ 體重平均減了3.6公斤

一模一樣的食物，僅因進食順序不同，竟然可以讓兩組人在12週的飲食控制中差到超過五公斤的體重！是不是很神奇？這下子不可以小看這句簡單的名言了吧！

這個研究還有另外一個很重要的發現——早餐吃飽組，比起晚餐吃飽組，在實驗對象身上可以看出血糖、胰島素、血脂肪都比較低！這也證明了這樣的飲食方式不只可以減肥，對身體的健康也有所助益呢！

（參考資料：https://www.foodnavigator.com/Article/2013/08/07/High-calorie-breakfast-may-help-with-weight-loss）

看完以上實驗結果，一定覺得很有趣吧！

原來只要調整飲食順序，就可以得到神奇的效果，同樣的熱量，結果卻完全不一樣！

所以，懷孕期間的飲食，不需要刻意節食減肥，只要把每天應攝取的1500~1800卡路里做正確的分配，不但可以維持身體需求與寶寶健康，更會發現自己怎麼吃都吃不胖喔！

◆ 每天吃六餐，為什麼還不會胖？

聽起來很誇張，不過千真萬確！因為我很容易餓，如果不滿足我飢餓的身心，餓太久我會在下一餐時餓虎撲羊、一口氣吃兩人份！這樣一來無形中攝取的熱量會更多更難消耗，所以與其讓自己很餓的大吃特吃，我決定以折衷的「少量多餐」，藉由多次進食來克制自己對食物的衝動……

所謂的「六餐」，其實中間只有兩餐「大餐」，其餘四餐都是小小的提供心理安慰的「安撫餐」！

・我是怎麼分配「大餐」跟「安撫餐」的時間呢？

第一頓大餐：

剛起床的「早餐」（07:00~09:00之間）。

這一餐以小陸媽咪的經驗，吃再飽都不會胖！也很容易得到滿足感。

我幾乎每天早餐都是至少吃兩人份甚至三人份，**食物種類來者不拒**，無論麵包、甜點、炸物、各種油脂或澱粉類，通通在這個時段大吃到飽，然後挺著滿滿的肚子幸福的撐到中午後都不覺得飢餓。

這一餐，我通常會攝取一天中三分之一的熱量（600卡左右）。

第二頓大餐：

則分配在下午四五點左右的「下午餐」（**16:00~17:30 之間**）。

這餐是用來取代晚餐的，讓自己提早吃飽，身體有足夠的時間可以分解熱量，不囤積脂肪。

這一餐的特色是：蔬菜、肉、魚、各種蛋白質、纖維質食材可以盡情的吃，但**不吃任何精緻澱粉或高脂肪食物**，如：米飯、麵包、麵條、油炸物……讓自己的身體減低負擔。

這一餐，我通常也會攝取一天中三分之一的熱量（600卡左右）。

安撫餐的時段，則分別會在：

(1) 中午11:00~12:30的用餐時段間

(2) 下午14:00~15:30的點心時間

(3) 晚上18:30~19:30點的晚餐時間

(4) 入睡前22:30~23:30的宵夜時間

以上四個階段來享用。

請特別注意！這四餐安撫餐加總起來，只能攝取一天最後三分之一的熱量（600~700卡左右），所以，都只是小小餐，絕對不是吃飽用的喔！

中午、下午的安撫餐，因為距離睡覺時間還長，有足夠的時間消化，可以適度吃一些甜點，如蛋糕、餅乾、巧克力或高甜度水果，記住！**都以「一份」為限**，點到為止、化解自己的嘴饞就好。

晚上的安撫餐，則只能攝取燙青菜、媽媽牛奶、堅果、低糖水果、雞精……等等熱量低、對身體有益的食物，份量也都以「一份」為基準，這個時段只要吃錯了食物，保證明天的體重會誠實的展現在體重機上！

把握這幾個大原則，就算一天吃六餐，也會因進食的時間、順序有效控管身體的吸收，而不容易發胖呢！

也許有人會質疑：「這不也算是節食的一種？」

當然，只要是控制、節制飲食，都可以說是節食，但這可不是減肥型節食，而是**很健康、不痛苦並且對身體有益的節食方法喔！**

為了當個美美的孕辣媽，對美食做出適度的堅持與取捨，還是必須付出的代價！

✻ 小陸媽咪孕期一日六餐時間／食物分配表
（總熱量：1800大卡）

	進餐時間	食物內容	熱量
第一餐 大餐	早餐 （07:00~09:00）	2-3人份；**不挑食物種類**，無論麵包、甜點、炸物、各種油脂或澱粉類都可。不用一次吃完，可以慢慢吃到中午。	600卡
第二餐 安撫餐	午餐 （11:00~12:30）	**少量**的主餐，如御飯糰、沙拉、關東煮……	150卡
第三餐 安撫餐	點心時間 （14:00~15:30）	**一份**的甜點，如蛋糕、餅乾、巧克力或高甜度水果。	150卡
第四餐 大餐	下午餐 （16:00~17:30）	用來取代晚餐，讓自己提早吃飽，身體有足夠的時間可以分解熱量，不囤積脂肪。 任何蔬菜、肉、魚、各種蛋白質、纖維質食材可以盡情的吃，**但不吃任何精緻澱粉或高脂肪食物**，如：米飯、麵包、麵條、油炸物……讓自己的身體減低負擔。	600卡
第五餐 安撫餐	晚餐 （18:30~19:30）	以蔬菜、水果、肉類、高纖低熱量的食物為主。	150卡
第六餐 安撫餐	宵夜 （22:30~23:30）	**一份**燙青菜、媽媽牛奶、堅果、低糖水果、雞精……等等熱量低、對身體有益的食物。	150卡

Q1. 一定要計算熱量嗎？

 　　身為孕媽咪，其實不用這麼斤斤計較！不想算就別算囉！

　　不過，養成算熱量的習慣，優點多多！除了有助於了解自己每天的飲食內容，更能幫助自己在產後繼續自我要求，早日恢復身材，長期保持曼妙體態！

Q2. 算熱量感覺好複雜喔，怎麼知道什麼食物有多少熱量呢？

 　　拜科技發達所賜，現在只要隨手在手機、電腦鍵入關鍵字查詢「XX（食物名稱）熱量」就可以立刻搜尋到卡路里數值，所以並不會很難！

　　不過如果每個食物的熱量都要斤斤計較，那實在很累，小陸媽咪教大家一個妙招——那就是取「概數」就可以！例如：一顆蘋果約100卡、一碗飯約250卡、一盤蔬菜約50卡⋯⋯大概估算，不用太精準，畢竟這只是給自己的提醒，我們是「控制」，而不是「減肥」，不需要太苛責自己。我通常是在睡前回想一下整天吃了什麼？大略加總檢視是否有超標？檢查自己是否有符合「早餐吃得好、午餐吃的飽、晚餐吃得少」自我飲食標準？這樣就很夠囉！

小撇步

那些看起來很胖的食物，像是洋芋片、冰淇淋、珍珠奶茶、油炸油煎的食物……沒錯，它們真的很胖！也不健康！不用花時間為它們計算熱量，請盡量減少攝取吧！

體重控制
孕期肥胖的風險多多！

◆ 控制體重的第一件事——需要一個聰明的體重機！

　　小陸媽咪自從數年前在朋友家量到醫療級專業體重機後，就驚為天人——原來在家也可以這麼專業的了解身體的各項數字？

　　詢問了一下價錢……噢噢！果然也很高尚！一時間打消念頭……

但沒多久以後，小陸媽咪竟然把家裡的舊體重機給量壞了！（到底是有多重！？）不得已之下，決定入手一個等級較高的體重機。原本以為有檢測BMI、體脂肪、內臟脂肪、身體水分……這些功能的體重計機一定都不便宜，但卻在拍賣網站裡發現有很多經濟實惠的選擇唷！

　　小氣的主婦我選了一臺特價四百元上下卻涵蓋檢測多項身體數據的電子體重機，心想反正很便宜，如果數據不準確或壞掉也不會太心疼，沒想到……現在的體重機技術真的很先進，價格雖便宜，品質卻不錯，各項數據頗準確，跟我去做體檢時的數字差不多，使用到現在兩三年都沒出過問題，大大推薦還沒有入手「多功能電子式體重計」的朋友們趕快去換一臺！

　　有了一臺準確的體重機，才能勇敢的面對自己，認識自己的基礎代謝卡路里，掌握健康的身體數字。懷孕過程中，控制體重是很重要的，傳統「一人吃兩人補」的觀念早已過時，其實均衡攝取高營養低熱量的食材，才是讓媽咪與寶貝都健康的飲食方法；而保持穠纖合度的體態，更有助於避免孕期因體重過度增加導致的危機！

◆ 孕期體重控制的好處

　　孕期體重控制好處多多！以下是最廣為人知的優點：

1. 保持良好體態，有助於減低孕期因體重增加過多而造成的臃腫不適。

2. 避免妊娠紋的快速產生。

3. 減低因體重過重引發內科疾病的可能。

4. 降低心血管疾病、腎臟病、妊娠糖尿病、妊娠高血壓、子癲前症的發生機率。

5. 幫助順產、減少生產時因體重過重而引發的危險。

6. 脂肪層太厚可能影響生產後傷口癒合的速度。

7. 預防產後肥胖。

　　也有些孕媽媽擔心控制體重會否造成寶寶體重過輕？

　　國內外的研究皆證實：**控制體重並不會對寶寶的健康與體重造成負面影響**，若是吃對食物，寶寶可能還會更加健康有活力喔！

心情控制
每天都要開心生活！

　　懷孕的各個階段都有不同程度的不適，許多人主張：懷孕就不要亂跑，應該要多坐多躺多待在家；懷孕中不要運動、不要提重物，這個不要那個不要，好像懷孕後就立刻成為易碎的陶瓷娃娃……

　　如果一直窩在家裡哪都不去，不舒服的感覺反而會更明顯！

　　沒別的事轉移注意力，就會一直鎖定身體的不適，感覺整個人病懨懨的。可是，如果外出去工作、散步、逛街……好像這些不舒服的感覺會隨著外界的刺激而略有舒緩，甚至被身體忽略、忘記。所以，懷孕當然不要太勞累，但是也不需要把自己關起來，還是可以依照原本的生活步調：正常工

作、適當的輕量運動，最好還可以為自己與老公安排幾個浪漫的踏青小旅行，享受一下寶寶誕生前的自由時光！

◆ 不要因為懷孕而改變自己的興趣！

母體雖然住進一個小旅客，「自己」還是「自己」，別忘了「照顧自己的心」！

身體為了適應賀爾蒙的變化，常常會處於不舒服的狀態，所以找到讓自己快樂的方法很重要！想一想，少女時代的自己，最喜歡做什麼？聽音樂？追劇？和好友喝下午茶？

不管想到什麼，盡量多帶自己去參與這些喜愛的活動吧！新生兒出生之後，媽咪將少了很多自由的時間，別忘了把握寶寶還在肚子裡的孕期，照自己喜歡的方式生活。

從許多文章跟新聞都可以看到國外的孕婦甚至在懷孕期間都照常上健身房、游泳、慢跑，吃東西也毫不忌口，每天一兩杯茶或咖啡、一兩片蛋糕或巧克力，都是被允許的舒壓食物。

小陸媽咪懷孕的過程，雖然控制飲食，卻不忌諱吃愛吃的食物，麻辣鍋、生魚片、鹹酥雞……都會久久偷吃一次，沒有虧待自己的口腹之慾！活動部分，也是照常四處工作、出差、運動、旅行趴趴走，懷孕三個月時全家一起去日本九

州自駕環島二十多天，生產前一個月還帶家人飛到越南渡假一番！所以，不要因為懷孕就改變原本可以讓自己開心的興趣，其實孕婦沒有那麼脆弱喔！相信肚子裡的小寶寶感受到媽咪的好心情，更會成為一個快樂的小嬰兒！

黃昭彰醫師補充

◆ 孕婦在不同孕期的變化

12週以前為第一孕期，胎盤激素中的黃體激素造成腸胃蠕動變慢，容易孕吐，消化效率降低，此時期宜少量多餐（最多可一日6餐），24小時總量攝食依產婦BMI（身體質量指數）精算調降。宜食小分子食物（分子量小，在腸胃道完全吸收時間短，所需酵素數目少），如白肉、海產、禽類、素食。不宜大分子食物（在腸胃完全吸收耗時長，所需酵素種類多），如紅肉（豬、牛、羊）、魚卵、內臟類、血液體液製品（豬血、米血、鴨血、蟹黃、墨魚醬類）。為預防胎兒神經管缺陷，12週之前宜補充葉酸，為治療孕吐，可攝食B群錠劑或請醫師開立維生素B6口服藥劑治療孕吐。媽媽奶粉，照比例泡溫水，每次250~350CC最暖胃，針對於第一孕期狂吐劇嘔的孕婦，最神救援，可免於低血糖，及電解質不平衡，避免以至於代謝性酸中毒。

　　24週前，重要的產前檢查陸陸續續報告出來，胎兒終於通過產檢的汰篩，25週至36週即為穩定成長期，每個孕月產檢胎兒需增加（600公克±200公克）或2週（300公克±100公克）。此時母體每增加1公斤，胎兒增300公克，胎兒長大於此數為轉肉率高，低於此數，則胖在媽媽身上。依每次產檢間隔，超音波計算數值來調整孕婦的膳食（總卡數或食物分項）。

　　37週之後胎兒至少需2500公克，若胎兒提前抵達3000公克則37週孕婦可開始積極走路、爬樓梯及蹲踞運動，每30分鐘一個單元，一日至少二單元，依產婦體能行之。於37週之後產婦營養重點不在養胎，而是供應母體待產分娩所需熱能，以醣類、蛋白質為重點。

◆ 如果寶寶不夠大怎麼？

　　隨著妊娠週數進行，羊水多寡與胎兒成長速度都應該多加觀察。根據產檢時超音波檢查、羊水指數（AFI）決定，羊水不夠多，可食高蛋白液體，如媽媽奶粉，或成人安素、雞精、牛肉湯、羊肉湯、雞湯等補充，加上產婦充足睡眠，來製造轉換成羊水。

至於如何讓胎兒長的好（俗稱轉肉率高），依據衛福部孕婦每日營養取量表，從五大項食物照標準攝食，若因工作忙碌或客觀環境，無法確實施行，則第一孕期加葉酸，第二孕期加DHA，第三孕期鐵、鈣加入。全孕期每日服用綜合維他命。如此大抵可行，每個月產檢時，醫師會測胎兒體重大小，依40至60公斤體重產婦，全孕期每日1000~1500CC媽媽奶粉攝入，也有助於胎兒長大。依華人婦女骨盆大小公約數計算，最適化的胎兒在3000至3200公克之間，自然分娩成功率最高、最順產、分娩痛苦最少。

◆ 懷孕時體重通常會增加多少？

　　妊娠期間體重的增加非妊娠期的25%。平均為12公斤。體重增加速度之個人差異相當大，不過於妊娠後半期（20週之後）速度較快，平均每週0.5公斤。

　　接近37~38週足月時，增重增加速度變慢，40週後體重慢慢下降。

　　一般而言，初期（1至3個月）1~2公斤，中期（4至6個月）5~6公斤，後期（7月至生產）4~5公斤，整個懷孕過程，體重宜增加10-12公斤，每個個案依據母體（孕前體重）妊娠初期的BMI（身體質量指數）精密計算。

　　每個月產檢，醫師會檢討上個月母體增加體重多少，胎兒增加多少，來調整下個月目標增加值，併膳食指導，如果每個月皆準點達標則預產期九成以上可順產。

Q　一定有人會問，懷孕時有什麼事不能做？有哪些食物不能吃？我好喜歡吃零食或路邊小吃，怎麼辦？

　　其實這也是我的疑惑！所以我向黃昭彰醫師諮詢，醫生說：「懷孕中沒有什麼活動是『一定不能做』、沒有什麼食物是『一定不能吃』，最重要的都是『適量』、『適度』！」嘴饞的時候還是要適度犒賞自己唷！偶爾偷吃一兩樣高熱量食物，當然可以，但是頻率還請自我要求與控制！

　　為了兼顧身材與口腹之慾，有一些兩全其美的折衷方法，例如：想吃零食時以鱈魚香絲取代洋芋片；想吃甜點時以草莓優格取代奶油蛋糕；想吃小吃時以鹹水雞取代鹹酥雞；想喝飲料時以氣泡水取代可樂……換種食物吃，攝取更多健康的美味！

◆ 孕期維持體態不發胖Tips！

1. 早餐可以盡量多吃，但晚餐請盡量少吃

2. 高熱量食物在中午前吃完，中午後盡量只吃健康高纖食物

3. 除了早餐外，盡量減少攝取澱粉類，尤其避免精緻澱粉

4. 少量多餐，維持不過度飢餓的狀態，避免失控大吃大喝

5. 帶著些微飢餓感入睡，身體健康沒負擔

6. 養成算熱量、量體重的習慣

7. 每天至少運動十分鐘

8. 幫自己找到快樂的生活方式

　　加油！一起當個美美的孕媽咪！

◆ 小陸媽咪溫馨叮嚀

　　其實這樣的飲食觀念，可不限於懷孕期間，連產後也很適用！

　　懷孕時有效控制體重，孕期間維持良好體態，產後當然不用花太多力氣減肥，但是，生完後如果沒有繼續維持良好飲食習慣，身材走鐘的風險絕對不比懷孕期間小！

　　生完後的「飲食陷阱」無所不在，諸如：「坐月子」期間餐餐滋補、家人朋友的「愛心料理」（有一種餓叫家人覺得你很餓），到養育小孩勞心勞力後「報復性亂吃」……這些狀況都很容易導致體重在不知不覺間增加！

　　唯有利用孕期養成「少量多餐」、「算卡路里」、「健康吃快樂動」這些好習慣，與「八分飽」、「微微的飢餓感」成為好朋友，正確規劃飲食份量與順序，才能為自己找回優雅身型！

・產後如何吃？

　　一樣可以跟隨本書中食譜，一日六餐少量多餐！

　　但是，每天需要更精準地計算熱量，盡可能控制在1500卡左右，建議可酌減「懷孕菜單」中較高熱量的油脂、澱粉類食材，但是用相同的邏輯來選擇飲食，這樣不但不需殘酷地減肥，更有助於長久維持健康美麗的身型！

　　維持體態的這條路，是一場結合毅力、耐力的人生馬拉松，就讓我們這些愛美的媽咪們彼此鼓勵，一起攜手跑下去！

Part 4

優雅孕媽咪的美味魔法食譜

看過來，健康營養
低卡料理在這裡！

老三滿月照

老三一歲照

一天六餐，腰線竟愈來愈明顯啊！
跟著低卡料理這樣吃，胖寶不胖媽，讓妳美美的懷孕、生完
寶貝也能迅速從滿月的鬆鬆水桶肚，再次找回S曲線葫蘆腰！

看過來！
健康營養低卡料理在這裡！

養胖寶寶卻不胖媽咪的飲食魔法

• **早餐：**

健康吃飽！吃開心，盡量吃！

• **早上點心：**

蛋糕麵包歡迎你！幸福的甜甜高熱量時間！

• **午餐：**

該控制囉！低澱粉、低GI，注意纖維質、蛋白質的攝取。

• **下午茶：**

以水果和無熱量的茶或飲料為主，清爽不愛睏。

• **晚餐：**

嚴格要求！少澱粉，多攝取肉類、蔬菜、清燉湯等。

• **宵夜：**

為了美美的自己，澱粉OUT！以堅果、優格、媽媽牛奶、低糖水果等健康食材為主。

Q 1. 為什麼說「早餐要吃飽，吃開心、盡量吃」呢？

 因為早餐吃很多也不會胖喔！

Q2. 吃早餐真的不會胖嗎？

A 不會胖的三大原因大公開！

所以，不是吃早餐不會變胖，而是因為早起吃早餐的動力，能夠改變自己晚睡吃宵夜的壞習慣！

◆ NG！錯誤示範！飢餓減肥法會有副作用喔！

太餓 → 暴飲暴食 ＝ 胖嘟嘟！

　　年輕時候的小陸媽咪是不吃早餐的。為什麼呢？因為……
我有很晚吃晚餐，甚至吃宵夜的壞習慣，為了不要挺著飽飽
的大肚子入睡，就愈來愈晚睡。

　　早上起的晚，起床時，肚子有還沒消化完的食物而不會
餓，為了減低前晚吃太多的罪惡感乾脆直接等到午餐時間再
吃，又自以為飢餓對減肥有效，有時一忙就乾脆捱餓到晚
餐，這樣一來常常暴飲暴食，長久下來，不但沒瘦，還養成
不正常的飲食習慣與西洋梨形的身材！

　　婚後，這個習慣雖然有改善，睡前的宵夜仍然會忍不住
吃點洋芋片、小零食，儘管每天攝取的熱量都會自我控制在
1500~1700卡之間，照理說不會變胖，身型卻離少女時代愈
來愈遠。

　　直到孩子們開始上國小之後，七點半前就要讓她們在家
吃完早餐，再送到學校，我努力（被迫）養成七點前起床的
習慣，也盡量會在十一點以前入睡，這時才知道，**早起吃早
餐、不暴飲暴食，少量多餐，真的有助於調整身型與減肥！**

　　**懷孕後，規律的生活作息更是重要，不但對自己的身體
好，也是養出健康寶寶的不二法門呢！**

◆ Bingo！正確飲食態度！

★ 規律生活

★ 少量多餐

★ 早多晚少

★ 控制澱粉

★ 多吃蔬果

★ 中午以前給自己放縱的權利，晚上才能克服狂吃的慾望

◆ 一天吃六餐卻愈吃愈瘦──小陸媽咪的飲食守則！

早餐

07:00 ～ 09:30

Good Morning

吃早餐囉 ♡♡

一起吃到飽吧！

早餐是最快樂的時考～
因為大吃特吃都不易胖喑！

早上點心

母子媽咪的 甜蜜 小確幸
一天一份 高熱量 小點心 ♥

Morning Snack Time
10:00 ～ 11:00

午餐

12:30~14:30
午餐♡
就來點簡單的輕食吧!

大量攝取蔬菜
+
肉類or魚類的時段

纖維質 get!

蛋白質 get!

下午茶

Afternoon Tea
16:3o~17:00
15:30~16:30

放鬆身心的下午茶時光
以健康點心為主
but~
一小杯 咖啡、
一點兒零食,
都在許可範圍中!

晚餐

晚上點心

不同孕期該怎麼吃？

◆ 孕媽咪健康吃小教室 I：

　　根據**衛福部彰化醫院婦產科的衛教資訊**指出：「孕期飲食應重質不重量。」

　　準媽咪的營養重點並不在於卡路里的攝取，而是挑對食物、進行各種營養素的補充，才是最重要的。

＊孕期所需完整營養素

・懷孕第一階段（**12週以內**）

葉酸是最大的幫手，因為葉酸可促進胎兒的腦部神經發育及DNA合成，所以準媽媽此時的營養攝取重點為適量的綠色蔬菜和適量的內臟食品。

・懷孕第二階段（**12週至28週**）

胎兒的器官及骨骼都將開始發展，所以此時期的蛋白質與鈣質需求量較高，像是紅肉類、全穀類、奶類、蛋及維生素B群都能帶來不錯的養分，尤其維生素B群能夠幫助胎兒造血，鈣質也能避免準媽媽抽筋，對母體和胎兒都有好處。

・懷孕第三階段（**28週至生產**）

準媽媽可以多攝取DHA，如深海魚油類的補充品，對胎兒的腦部發展會有較大幫助。

> ‧整個孕期間
>
> **孕媽媽在整個孕期裡，都要適當補充鐵質！**
>
> 零到六個月寶寶其鐵的儲存量多半決定於媽媽在懷孕期間的鐵質攝取量，再加上生產時會流失較多血，所以需要食用鐵質含量豐富的食物，如深綠色蔬菜、內臟類及水果等，也建議準媽媽可以經由醫囑食用適量鐵劑、營養品，達到營養補充的效果，往後哺乳時也能為寶寶提供更均衡的營養。

◆ 這些營養素要在哪些食物中攝取呢？

✔ 維生素B1：豬肉、牛肉、肝臟、豆腐、毛豆、糙米、芝麻、大蒜。

✔ 維生素B2：乳製品、肉類、內臟、蛋、酵母。

✔ 維生素B12：主要存在於肉類、魚類、海鮮、雞蛋、奶製品等動物性食品。

✔ 維生素A：豬肝、橘紅色食物，如紅蘿蔔、木瓜、芒果、南瓜、蛋黃。

✔ 葉酸：深綠色蔬菜。

✔ 鈣質：牛奶、奶粉、乳酪、豆干、芥藍菜、莧菜、紫菜、海帶、芝麻。

✔ 鐵質：牛肉、豬肉、豬肝、深綠色蔬菜、蘋果、葡萄。

◆ 孕媽咪健康吃小教室 II

＊不同孕期階段飲食重點

・第一孕期（懷孕初期）：**12週以內**

　　婦產專科醫師黃昭彰醫師說：這個時期寶寶自備「便當」，也就是「卵黃囊」，所以不用額外補充太多營養，飲食注意均衡、多吃深綠色蔬菜即可，無需增高熱量。

　　第一孕期常常伴隨不適，所以少量多餐、吃能吃得下的食物很重要。真的吃什麼吐什麼，那其實也不用勉強，因為卵黃囊會供給寶寶必須的養分，準媽咪不需要為了增加營養而委屈自己唷！

　　這個時期最重要的營養素是：

　　（一）**葉酸**：可促進胎兒的腦部神經發育及DNA合成。深綠色蔬菜裡有豐富的葉酸，也可以詢問醫師補充適合的葉酸營養錠。

　　（二）**維生素B6**：則是可以改善孕期孕吐的情形喔！全穀類、豆類、堅果類、蔬菜都含有B6。

・ 第二孕期（懷孕中期）：**12週至28週**

　　這個階段胎兒開始長大，為了補充生長所需的養分，像是胎兒的器官發育，因此，孕媽咪每天可以增加200卡的熱量，例如，五十公斤的女生一天原本攝取1500卡即可，現在可酌增至1700卡。

這個時期最重要的營養素是：

（一）**鈣質**：幫助胎兒骨骼、牙齒發育。要多喝牛奶、豆漿，多吃豆腐、小魚乾、小蝦米、燉排骨湯，蔬菜中菠菜跟小松菜的鈣含量也非常高！

（二）**DHA**：則可以幫助寶寶腦部神經系統發育，魚類就是攝取DHA最好的來源！雖然現在深海魚類的重金屬殘留讓人擔心，可是適量攝取也是必須的！可以選擇鮭魚、鱈魚、小型海魚，如：馬頭魚、黃魚、烏魚，或養殖魚類如虱目魚、石斑、草魚，甚至補充安心的魚油膠囊亦可。

（三）**葉酸及纖維質**：最簡單的攝取方法就是多吃綠色蔬菜，每天至少三碗的量，甚至可以多燙一些起來當點心隨時吃！在這時期孕婦容易產生便祕，除了攝取深綠色蔬菜、低糖水果外，也要從較優質的澱粉類裡補充膳食纖維，如地瓜、南瓜、五穀雜糧，記住，愈天然的食物就會含有愈多營養素。也可多食用優格、優酪乳，適當補充益生菌來維護體內乾淨與健康。

・**第三孕期（懷孕後期）：28週至生產**

懷孕後期，建議每日攝取熱量也不要超過2000卡，主要可以針對**富含維生素、不飽和脂肪酸、鐵質、蛋白質、纖維質**的食物來增加攝取量。另外，含**碘、礦物質**和**有利於緩解孕婦水腫的食物**也可以多吃。

（一）**富含維生素和礦物質的食物**：蘿蔔、菠菜、白菜、冬瓜、芹菜、萵苣等。

（二）**富含不飽和脂肪酸的食物**：各類堅果。

（三）**含鐵質食物**：羊肉、牛肉等深紅色瘦肉，以及蛋黃、貝類、乾果、深綠色蔬菜、內臟類、葡萄乾等。

（四）**均衡多樣的蛋白質**：瘦肉、魚、牛奶、優格、蛋、豆漿、豆腐等

（五）**有利於緩解孕婦水腫的食物**：蘿蔔、冬瓜；富含碘的食物，如海帶、紫菜等海產品。

◆ 什麼能吃？什麼不能吃？

根據我的婦產科醫師黃昭彰表示：**「所有的食物只要不過量，都可以吃！」**

任何一種「食物」，要吃到對寶寶或媽咪造成傷害，都必須是吃很誇張的「大量」，若只是節制的淺嚐，無論是蝦、蟹、海鮮、藥燉火鍋、涼性水果、薏仁木耳……什麼的，**吃「一個拳頭內的量」一定沒問題！**

其實，懷孕期間最煩的反而是有人在耳邊叨唸著這個不能吃、那個不能喝，這對孕媽咪心理情緒的影響，可能比生理飲食的影響還大呢！

　　每次產檢時，我常會問醫師一大堆稀奇古怪的問題，什麼能吃？什麼能做？做了什麼會不會影響寶寶？黃醫師總是會露出溫和的微笑說：「沒那麼嚴重！其實寶寶的狀況，大部分在成為胚胎時就已經決定了，無論是基因、體質、膚色，甚至過敏的狀況等等，大多先天形成，跟後天在媽咪肚子裡的養成並沒有直接對應的關係喔！」

　　保持愉快的心情，均衡飲食，「吃自己想吃的、吃得下的食物」，絕對比「小心翼翼、這個不行、那個不要的忌口生活」來得正確！

隨著不同孕期，對食物的喜好會有所不同。所謂的「孕期食譜」並沒有辦法針對每個孕媽咪的喜好，建議大家可以多逛逛超市，選購自己當下想吃的新鮮食材來料理，只要是自己喜歡的食材，簡單調味，撒鹽、拌橄欖油，都會很好吃！

　　如果真的沒有時間自己動手做，別忘了選擇健康不油膩的外食，「自助餐店」是不錯的選擇，把握「少量」、「多樣」、「色彩繽紛」、「保持原貌不過度調味」的原則，外食也可以兼顧方便與健康！

Q 1. 孕婦可不可以喝咖啡呢？

　　臺大醫院婦產部主治醫師林明緯說，「其實是可以的，只要不過量即可。」咖啡因具有中樞神經興奮的效果，適量飲用，確實可以讓孕婦擁有好心情。歐美婦產科醫學會一般建議，**懷孕期間每日咖啡因攝取量應小於200～300毫克**，約市售三杯中杯拿鐵。

　　老實說，小陸媽咪懷孕期間天天喝咖啡！

　　我的喝法是：使用濾泡式咖啡手沖，沖成150CC的美式咖啡後再多加入一倍的水，稀釋成很淡的300ml，倒入保溫壺慢慢喝完，有時可以喝到下午。

　　咖啡不但可以讓我心情好，也可以減緩飢餓感，曾聽說喝咖啡會害小朋友皮膚黑啊、不愛睡覺、愛哭什麼的，但是我生出來的小寶貝皮膚白皙、個性溫和、睡眠穩定，從20天抱回家後就天天一覺到天亮，所以……我認為喝咖啡真的沒問題，適量飲用咖啡的孕媽咪不用有罪惡感喔！

小陸媽咪的美味食譜

　　小陸媽咪就「機能」取向，分別針對三種不同需求，列出三種不同類型的菜單，一、懷孕卻想瘦瘦美美；二、懷孕卻想維持體態；三、懷孕想吃飽更想吃健康的不同方向，供大家參考。

(1) 媽咪輕鬆瘦，寶寶營養夠的「輕盈低卡三日餐」1500卡／日

(2) 媽咪不發胖，寶寶頭好壯壯的「健康營養三日餐」1700卡／日

(3) 媽咪好滿足，寶寶胖嘟嘟的「外食輕鬆配三日餐」2000卡／日

◆ 菜單分享

＊溫馨提醒＊

1. 這些菜單都是為了保持懷孕良好體態的「健康餐」，不是減肥餐，所以熱量標示僅取概數，份量超過一些也沒關係，千萬別斤斤計較那些卡路里！主要是為了建立一個不暴飲暴食、維持優雅體態、低卡健康卻美味的飲食習慣，提供孕媽咪們參考！

　　菜單中若有不喜歡或當季缺乏的品項，歡迎替換成更方便取得的食材，花點時間自己動手做，才能確保自己跟寶寶的飲食品質，一起加油吧！

2. 衛福部彰化醫院婦產科的衛教資訊指出：由於每個準媽媽的體質不一樣，對於熱量的需求也不盡相同，BMI值介於正常範圍的準媽媽，每天**熱量需求大約為1公斤30大卡（意即準媽媽的體重為50公斤，則一天所需熱量約1,500大卡即可）**，且在懷孕第一階段時，胎兒對於養分的需求量還不算太多，所以準媽媽並不需要特別增加食量，飲食習慣比照懷孕之前即可；懷孕中後期，也頂多再多攝取300大卡的熱量即可，若熱量攝取太高，可能都會轉變成媽媽身體的負擔喔！

健康上菜！

輕盈低卡
三日餐

效果：具有輕鬆的減重之效，營養卻不折扣，瘦媽咪不瘦寶
　　　貝！

★小撇步：善用低熱量、滋補養身的燉湯來增加飽足感，每
　　　　　天一湯、營養健康！

DAY 1　*1500卡／日

早餐／300卡：

| 芝麻鮮奶燕麥粥（200卡） | + | 蘋果半個（30卡） | + | 水煮蛋一個（70卡） |

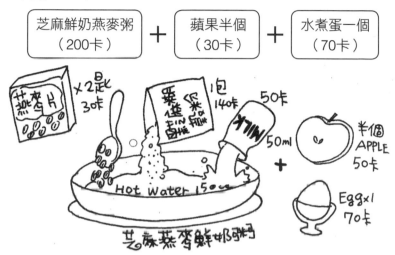

早上點心／100卡：

| 草莓優格一杯（100卡） | + | 無糖香草茶一杯（0卡） |

午餐／400卡：

蛤仔蔬菜燉雞湯 半鍋（270卡）	+	五穀飯半碗 （100卡）	+	半顆蘋果 （30卡）

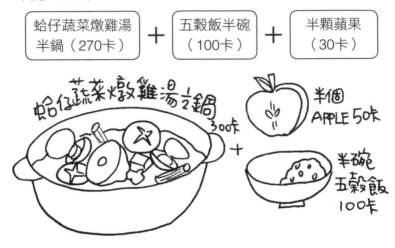

下午點心／100卡：

全麥吐司一片 （70卡）	+	草莓醬 （30卡）	+	黑咖啡一小杯 （0卡）

晚餐／450卡：

| 蛤仔蔬菜燉雞湯
冬粉（350卡） | ＋ | 清燙地瓜葉
一份（30卡） | ＋ | 葡萄10顆
（70卡） |

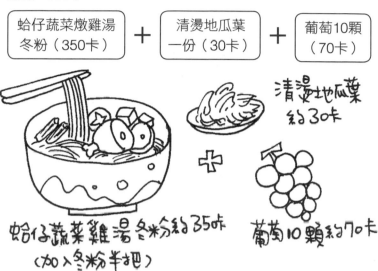

清燙地瓜葉
約30卡

蛤仔蔬菜雞湯冬粉約35卡
（加入冬粉半把）

葡萄10顆約70卡

宵夜／150卡：

| 無糖豆漿
（100卡） | ＋ | 堅果
（50卡） |

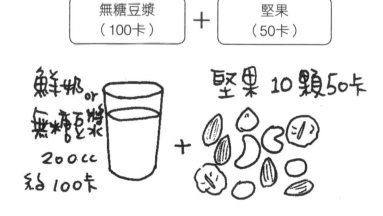

鮮奶 or
無糖豆漿
200cc
約100卡

堅果 10顆50卡

蛤仔蔬菜燉雞湯做法
（總熱量約550卡分兩餐吃）

• 食材

蛤仔 ⋯⋯⋯⋯⋯⋯⋯⋯⋯⋯⋯⋯⋯⋯⋯⋯⋯⋯⋯⋯ 20顆（約80卡）

紅蘿蔔 ⋯⋯⋯⋯⋯⋯⋯⋯⋯⋯⋯⋯⋯⋯⋯⋯⋯⋯ 一隻（約30卡）

西洋芹 ⋯⋯⋯⋯⋯⋯⋯⋯⋯⋯⋯⋯⋯⋯⋯⋯⋯⋯ 三隻（約20卡）

洋蔥 ⋯⋯⋯⋯⋯⋯⋯⋯⋯⋯⋯⋯⋯⋯⋯⋯⋯⋯⋯ 一個（約40卡）

豆腐 ⋯⋯⋯⋯⋯⋯⋯⋯⋯⋯⋯⋯⋯⋯⋯⋯⋯⋯⋯ 半盒（約50卡）

雞腿 ⋯⋯⋯⋯⋯⋯⋯⋯⋯⋯⋯⋯⋯⋯⋯⋯⋯⋯ 兩隻（約300卡）

鹽 ⋯⋯⋯⋯⋯⋯⋯⋯⋯⋯⋯⋯⋯⋯⋯⋯⋯⋯⋯⋯⋯⋯⋯⋯ 適量

水 ⋯⋯⋯⋯⋯⋯⋯⋯⋯⋯⋯⋯⋯⋯⋯⋯⋯⋯⋯⋯⋯⋯⋯ 一公升

• 做法

將所有食材切成適量大小，丟入滾沸的水中燉煮30分左右即可。

備註
還可以加入香菇、金針菇、冬瓜⋯⋯等熱量低的高纖蔬菜一同料理，不但會增加飽足感，也不會造成身體的負擔！

❶ 蛤仔20顆 約80卡
❷ 紅蘿蔔一支30卡
❸ 西洋芹 3支約20卡
❹ 洋蔥一個約40卡
❺ 豆腐糕 50卡
❻ 雞腿2隻 約300卡

總熱量 550卡

• 好處

1. 早餐與宵夜都有豐富的堅果，為身體添加好的能量。

2. 點心不但有促進消化的優格，還可以吃到甜甜美味的草莓吐司。

3. 湯品則有海陸精華、優質蛋白質，蔬菜量也足夠，又飽足又高纖低熱量！

DAY 2 *1500卡／日

早餐／400卡：

梨子一顆
（50卡）
+
番茄鮪魚吐司
（250卡）
+
黑芝麻豆漿
200cc（100卡）

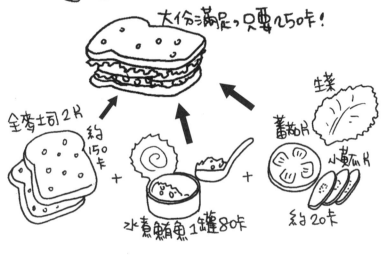

番茄鮪魚土司：

大份滿足，只要250卡！

全麥土司2K
約150卡
+
水煮鮪魚1罐80卡
+
蕃茄片
生菜
小黃瓜片
約20卡

小梨子
50卡
+
黑芝麻豆漿
200cc
約100卡

早上點心／100卡：

希臘蜂蜜優格
一杯（100卡）　＋　黑豆茶
（0卡）

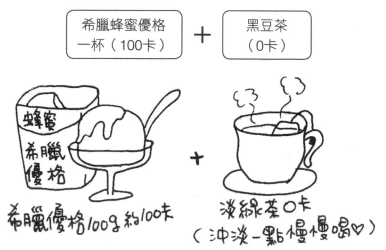

希臘優格100g約100卡

淡綠茶0卡
（沖淡一點慢慢喝♡）

午餐／450卡：

紅棗枸杞筍香排骨湯麵（450卡）

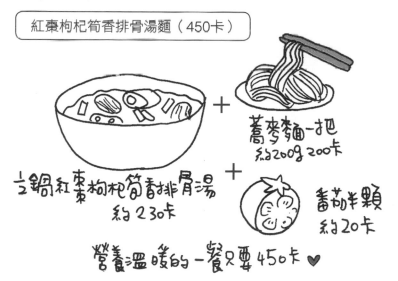

蕎麥麵一把
約200g 200卡

一鍋紅棗枸杞筍香排骨湯
約230卡

番茄半顆
約20卡

營養溫暖的一餐只要450卡♥

下午點心／200卡：

| 小型烤地瓜一個 （200卡） | + | 無糖香草茶 一杯（0卡） |

200卡

小型烤地瓜1個

無糖健康茶飲0卡

晚餐／290卡：

| 紅棗枸杞筍香排 骨湯（250卡） | + | 清燙玉米筍一份 （40卡） |

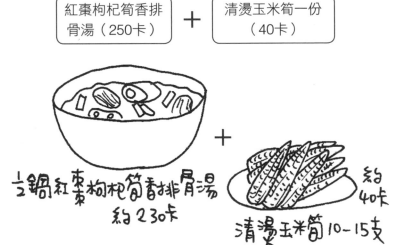

½鍋紅棗枸杞筍香排骨湯
約230卡

約40卡

清燙玉米筍10~15支

宵夜／60卡：

| 芭樂半顆（30卡） | + | 火龍果半顆（30卡） | + | 舒眠無咖啡因茶一杯（0卡） |

低糖水果如芭樂‧火龍果

半顆各約30卡，合計60卡

陳皠偉營養師建議

‧一天吃六餐的營養分析

　　小陸媽咪關於「少量多餐」的建議，非常符合孕媽咪時期的飲食需求，不但**能供給營養，又能穩定血糖波動，避免飢餓感導致失控的大吃大喝，而影響飲食控制的成果。**少量多餐的模式，也能有效減緩孕媽咪的不適，對於初期孕吐噁心感，和後期胎兒長大後壓迫食道與胃部等灼熱感，都有很大助益。

紅棗枸杞筍香排骨湯
（總熱量約550卡分兩餐吃）

• **食材**

軟骨排骨 ⋯⋯⋯⋯⋯⋯⋯⋯⋯⋯⋯ 一盒200克（約400卡）

紅棗 ⋯⋯⋯⋯⋯⋯⋯⋯⋯⋯⋯⋯⋯⋯⋯ 10顆（約80卡）

枸杞 ⋯⋯⋯⋯⋯⋯⋯⋯⋯⋯⋯⋯⋯⋯ 一小把（約20卡）

竹筍 ⋯⋯⋯⋯⋯⋯⋯⋯⋯⋯⋯⋯⋯⋯ 兩隻（約50卡）

鹽 ⋯⋯⋯⋯⋯⋯⋯⋯⋯⋯⋯⋯⋯⋯⋯⋯⋯⋯⋯⋯⋯⋯ 適量

其他香辛料或調味料 ⋯⋯⋯⋯⋯⋯ 可依個人喜好加入

• **做法**

1. 排骨川燙後撈起備用

2. 煮沸約1000CC的水，加入紅棗、枸杞、竹筍切塊、川燙後的排骨，煲煮約一至二小時至軟骨軟化為止。

備註

午餐時，可煮一份蕎麥麵或麵條（約200卡）加入湯品中一起享用；晚餐則可在湯品中加入10－15支玉米筍燙熟，湯裡會增加玉米筍清爽的甜味，一鍋吃兩餐好方便！

❶ 軟骨排骨一盒200g　約400卡

❷ 紅棗10顆　約80卡

❸ 竹筍2支約5卡

❹ 枸杞一把　約20卡

加入適量調味料，
燉煮1小時以上
（想要軟骨軟化則要1.5h左右）
也可加入香菇·蘿蔔…等喜歡的蔬菜！

111

- **好處**

1. 軟骨排骨湯內含有滿滿的鈣質與養分，加上紅棗枸杞，是養顏補氣的美味湯品！

2. 可以依照自己的喜好加入藥膳燉補包增添香氣（請諮詢中藥行選購孕婦可用的藥膳），高纖低熱量的蔬菜類也可以多放一些，這道湯品總熱量很低，但是很有飽足感！

3. 每天攝取五種不同的蔬菜、水果，可以給身體添加足夠的葉酸與纖維質。低卡也不要虧待自己，蜂蜜優格、烤地瓜都是香甜美味的健康點心，偶爾讓自己甜蜜一下，心情會更好！

陳皁偉營養師建議

• 關於大骨湯的迷思

鈣少少的大骨湯：從小很多父母會用煮大骨湯或排骨湯的方式來幫孩子補充鈣質，讓很多人有了「大骨湯或排骨湯富含鈣質」的印象，但其實湯中鈣質微乎其微。因為骨頭的鈣質是以磷酸鹽的形式存在骨頭中，幾乎不會溶出，一碗240ml的大骨湯，僅含有3.84毫克的鈣質（只有同樣重量牛奶的1.6％），即使加酸（食用醋、檸檬汁等）幫助鈣離子溶出，也只會增加到9.2毫克。

大骨湯或排骨湯實在不是理想的鈣質攝取來源，一般情況下，喝下一杯牛奶攝取的鈣質，大骨（排骨）湯需要喝到62.5碗才夠，換算下來是15公升，幾乎是不可行的。所以就補充鈣質的角度，建議孕媽咪們**一天喝一杯半到兩杯牛奶**，還是比較有效益與實際補鈣的方式。

DAY 3 * 1500卡／日

早餐／330卡：

香蕉半根（30卡） ＋ 水煮毛豆一杯（50卡） ＋ 御飯糰一顆（200卡） ＋ 小杯無糖鮮奶茶（50卡）

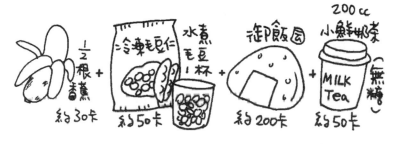

早上點心／100卡：

高纖優格一杯（70卡） ＋ 香蕉半根（30卡）

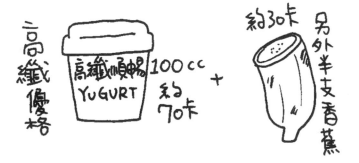

午餐／450卡：

清燉番茄蔬菜牛肉湯 （220卡）	＋	飯或麵一小碗 （230卡）

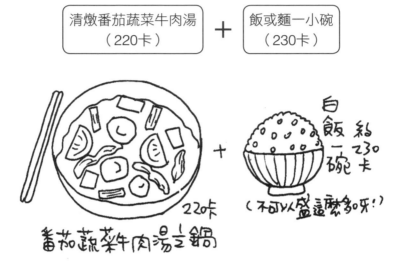

220卡

番茄蔬菜牛肉湯之鍋

白飯約一碗230卡

（不可以盛這麼多呀！）

下午點心／200卡：

喜歡的餅乾一小碟 （五片以內／200卡）	＋	無糖香草茶一杯 （0卡）

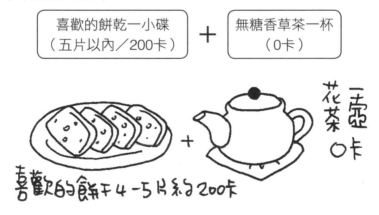

喜歡的餅干4－5片約200卡

一壺花草茶0卡

晚餐／370卡：

清燉番茄蔬菜牛肉湯
（220卡）

＋

乾煎豆腐
（100卡）

＋

愛玉凍一份
（50卡）

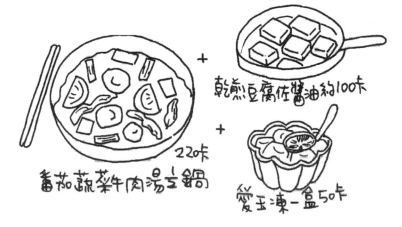

乾煎豆腐佐醬油約100卡

番茄蔬菜牛肉湯豆鍋 220卡

愛玉凍一盒50卡

宵夜／50卡：

小番茄10～15顆（50卡）

小番茄10-15顆 50卡

清燉番茄蔬菜牛肉湯
（總熱量約450卡分兩餐吃）

• 食材

牛番茄	兩個（約50卡）
或小番茄	10-15顆（約50卡）
西洋芹	三根（約20卡）
紅蘿蔔	一支（約30卡）
洋蔥	一顆（約40卡）
高麗菜	五分之一顆（約50卡）
牛瘦肉片	一盒（200克約260卡）
鹽	適量
水	一公升
香料（例如：月桂葉、胡椒、八角）	適量

• **做法**

將水煮沸後，加入切塊的蔬菜燉煮約30分鐘，再加入牛肉片小火燙約一分鐘即可。

❶ 牛番茄 50卡 or 小番茄 10-15顆 2顆

❷ 西洋芹 3支 20卡

❸ 紅蘿蔔 1支 30卡

❹ 洋蔥-顆 40卡

❺ 高麗菜 $\frac{1}{3}$個 50卡

❻ 牛瘦肉片-盒 200g 約 260卡

1000 cc 的水

牛肉片請在最後熄火前川燙1分鐘即可！

先將❶～❺切塊放入鍋中燉煮30分。

加入適量調味料如塩·胡椒·大蒜···

最後再加入牛肉片，肉才不會太老唷！

• 好處

1. 滿滿的優質蛋白－毛豆、牛肉、豆腐，都是對孕婦跟北鼻很有益處的營養！

2. 豐富的蔬菜水果纖維，清新又順暢！

3. 經過三天的少油少鹽低卡健康飲食，身體是不是有更輕盈舒適了呢？來點餅乾、愛玉凍，用甜甜的香氣趕走憂鬱吧！

優雅上菜！

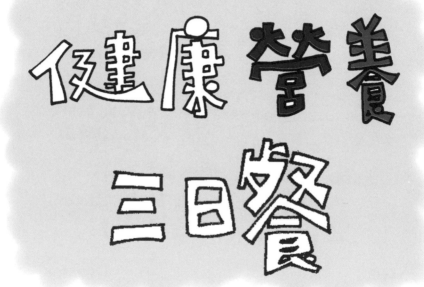

健康營養
三日餐

效果：維持美好身型、提高纖維質與蛋白質含量，維持媽咪
　　　的身材不發胖，減脂增肌，寶寶營養滿分！

★小撇步：健康營養三日餐的主題是「增強蛋白質、提高對
　　　　　寶寶有益的DHA含量」，所以每天都會用「魚」和
　　　　　「肉」當主角。為了增進料理的情調，特別選擇
　　　　　「西式料理法」，但步驟都超簡單！讓跟小鹿媽咪
　　　　　一樣手殘怕麻煩的媽咪們可以輕鬆優雅上菜！再搭
　　　　　配不同海鮮、蔬菜水果、雞精與媽媽牛奶，三天
　　　　　吃下來體重不會增加卻無比飽足，媽咪餐餐賞心
　　　　　悅目，寶貝也可以吸收滿滿的營養～

DAY 1 *1800卡／日

早餐／350卡：

脆煎五花肉麵包拼盤佐溫沙拉
（熱量約350卡）

• 食材

豬五花薄片 ·· 五片（約200卡）

雜糧麵包 ·· 兩片（約100卡）

沙拉用生菜水果切好備用
（建議可選擇小黃瓜、蘿美生菜、西洋芹、小番茄、蘋果等）
················· 各取少量幾片切成適口大小即可（約50卡）

鹽 ··· 適量

胡椒 ··· 適量

• 做法

1. 平底鍋中不放油，直接煎豬五花，撒上鹽與胡椒，煎到金黃香脆後關火先盛出備用。

2. 將沙拉用生菜水果放入用鍋中，用剩下的油與餘熱加溫拌勻，再撒上適量鹽與胡椒。

3. 雜糧麵包烤兩分鐘。

4. 將麵包、脆煎五花肉、溫沙拉擺入一大盤中，就是一份媲美早午餐店的美味早餐囉！

早上點心／150卡：

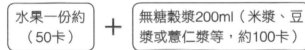

水果一份約（50卡）　+　無糖穀漿200ml（米漿、豆漿或薏仁漿等，約100卡）

水果一份
（ex半顆西洋梨）
約50卡

無糖穀漿
200ml 100卡

午餐／480卡：

奶焗牛肉蔬菜燉飯
（熱量約480卡）

• 食材

白飯（略硬為佳）⋯⋯⋯⋯⋯⋯⋯⋯⋯⋯⋯ 半碗（約120卡）

鮮奶（喜歡乾硬口感可減量至100cc）⋯⋯ 200cc（約100卡）

牛瘦肉絲（或牛肉切細片）⋯⋯⋯⋯⋯⋯ 100克（約120卡）

白菜、高麗菜或綠色蔬菜
（切碎備用，可直接使用沙拉用生菜）⋯⋯ 一盤（約20卡）

洋蔥（切成小塊備用）⋯⋯⋯⋯⋯⋯⋯⋯ 半個（約20卡）

起司 ⋯⋯⋯⋯⋯⋯⋯⋯⋯⋯⋯⋯⋯⋯⋯ 一片（約60卡）

奶油一小塊 ⋯⋯⋯⋯⋯⋯⋯⋯⋯⋯⋯⋯ 5克（約40卡）

鹽 ⋯⋯⋯⋯⋯⋯⋯⋯⋯⋯⋯⋯⋯⋯⋯⋯⋯⋯ 適量

• 做法

1. 平底鍋預熱後以奶油依序炒香洋蔥、蔬菜、牛肉絲。

2. 加入白飯半碗，加鹽略拌炒增添香氣後，倒入鮮奶200CC，
　 燉煮約三分鐘。

3. 熄火後拌入起司片，增添香濃口感（或使用適量乳酪絲，
　 焗烤五分鐘）。

❶ 洋蔥二顆 20卡 切碎炒軟

❷ 炒香 蔬菜末

❸ 牛肉100g 120卡

奶油5g 40卡

❹ 飯半碗 120卡

❺ 起司片x1 60卡

下午點心／100卡：

| 無熱量飲品如黑咖啡、香草茶等等 | ＋ | 花生糖或堅果糖兩塊（100卡） |

香草茶0卡

堅果糖2塊
100卡

備註

堅果類酥糖雖然熱量高（一塊花生酥糖或芝麻酥糖大約在50卡左右），但是其含有天然堅果的營養又不含澱粉成分，一次兩塊以內適量攝取，不會造成太大負擔，是想吃甜食時的好選擇！

晚餐／650卡：

香煎雞胸和風沙拉＋太陽蛋全麥吐司 ＋蘋果氣泡飲
（總熱量約650卡）

• **食材**

雞胸肉 .... 300克（約300卡）

沙拉用生菜水果切好備用
（建議可選擇小黃瓜、蘿美生菜、西洋芹、小番茄、蘋果等）
...... 份量可以是早上的兩倍，切成適口大小即可（約100卡）

和風醬汁 .... 15ml（約50卡）

全麥土司 .... 一片（約75卡）

蛋 .... 一顆（約75卡）

100%蘋果汁 .... 100cc（約50卡）

氣泡水 .... 一瓶（約0卡）

• **做法**

1. 沙拉用生菜水果拌入和風醬汁後，美美的在擺進大沙拉盤中。

2. 使用不沾平底鍋，不用油(或幾滴橄欖油)，乾煎雞胸肉約五分鐘至兩面金黃，撒上適量鹽與胡椒調味。

3. 將雞胸肉斜切成片後，擺放到沙拉上。

4. 不沾平底鍋乾煎一顆太陽蛋、烤一片吐司，把太陽蛋放到吐司上。

5. 找一個喜歡的高腳玻璃杯，倒入100CC蘋果汁，再加滿氣泡水，就會變成微酸微甜有香檳感覺的蘋果氣泡飲。

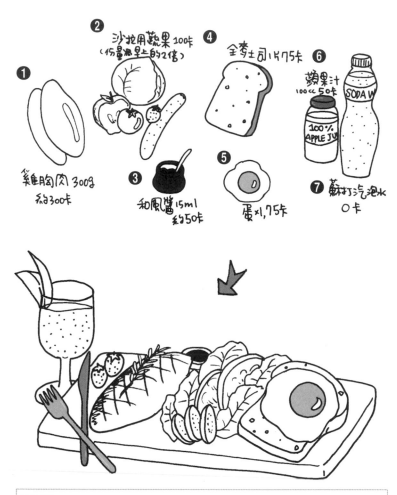

❶ 雞胸肉 300g
約300卡

❷ 沙拉用蔬果 100卡
（份量是圖上的2倍）

❸ 和風醬 15ml
約50卡

❹ 全麥土司1片75卡

❺ 蛋x1,75卡

❻ 蘋果汁
100cc 50卡

❼ 蘇打汽泡水
0卡

備註

這樣的晚餐，是不是很有餐館fu呢？
其實只要花十幾分鐘就可以完成一個熱量低、營養均衡又賞心
悅目的居家晚宴，趕快試試吧！

宵夜／120卡：

媽媽牛奶一杯250cc
（120卡）

優雅孕媽咪的美味魔法食譜 看過來，健康營養低卡料理在這裡！

DAY 2 *1800卡／日

早餐／500卡：

 ## 菠菜菇菇起司蛋捲（200卡）＋繽紛水果盤（150卡）＋高纖豆漿100CC（50卡）
（熱量約500卡）

• **食材**

菠菜 ⋯⋯ 兩株只取葉子（梗可以留到晚上炒奶油口味）（約20卡）

袖珍菇或金針菇 ⋯⋯ 1／2把（剩下的也留到晚上一起煮）（約20卡）

雞蛋 ⋯⋯⋯⋯⋯⋯⋯⋯⋯⋯⋯⋯⋯⋯⋯⋯ 兩顆（約150卡）

鹽 ⋯⋯⋯⋯⋯⋯⋯⋯⋯⋯⋯⋯⋯⋯⋯⋯⋯⋯⋯⋯ 適量

胡椒 ⋯⋯⋯⋯⋯⋯⋯⋯⋯⋯⋯⋯⋯⋯⋯⋯⋯⋯⋯ 適量

水果盤 ⋯⋯⋯⋯⋯⋯⋯⋯⋯⋯⋯⋯⋯⋯⋯ （約150卡）

奶油 ⋯⋯⋯⋯⋯⋯⋯⋯⋯⋯⋯⋯ 一小塊約5g（約40卡）

高纖低糖豆漿 ⋯⋯⋯⋯⋯⋯ 一小杯100CC（約50卡）

• 做法

1. 先將菠菜與菇菇切細備用

2. 平底鍋無須放油，先將菠菜與菇菇炒製熟軟，撒上鹽、胡椒調味，再拌入奶油（最後再拌入奶油會比較香），盛起備用

3. 兩顆蛋打勻後倒入平底鍋（使用不沾鍋就無需放油）一邊攪拌一邊小火慢煎，使其變成嫩嫩的七八分熟的滑蛋

4. 將（2）的奶油菠菜菇菇放在滑蛋中心位置，蓋上起司片，將底下的蛋皮成半月形對折，把起司與菠菜菇菇包覆起來，蓋上鍋蓋小火悶煎約一分鐘，便可熄火盛起

5. 水果的部分，推薦大家可以先切好數種水果，選擇如木瓜、蘋果、芭樂、番茄、葡萄等不同色彩的水果，處理成與葡萄、番茄差不多的大小，各自放入保鮮盒，要吃時各取少量，就可以有賞心悦目的繽紛水果盤囉！

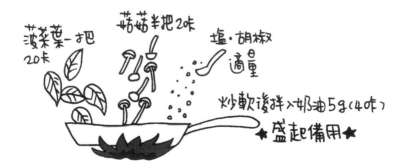

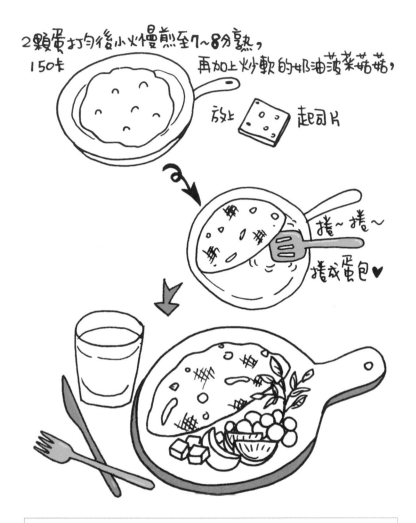

2顆蛋打勻後小火慢煎至7~8分熟，
150卡
再加上炒軟的奶油菠菜菇菇，
放上 起司片

捲~捲~

捲成蛋包♥

備註

這道早餐有均衡豐富的纖維質、蛋白質、鈣質、維他命C……
等等營養素，黃色煎蛋、綠色蔬菜、彩色水果加上白色的豆
漿，讓一天的開始充滿美麗的色彩！

早上點心／200卡：

> 優酪乳一杯
> 200cc（50卡）

＋

> 木瓜或早上未使
> 用完的水果類
> 一碗（150卡）

> 備註
>
> 木瓜含有酵素，水果富含纖維質，加上優酪乳可以促進腸胃蠕動、增強體內環保！

午餐／500卡：

> 蒜香海鮮義大利麵佐花椰菜（500卡）

蒜香海鮮義大利麵佐花椰菜
（總熱量約500卡）

• 食材

花椰菜切塊燙熟備用	一顆（約70卡）
義大利麵一人份煮熟備用	200g（約250卡）
海鮮類兩種	花枝100g、蛤蜊十顆（約120卡）
大蒜切碎備用，敢吃辣的可以酌加新鮮辣椒碎段	10瓣
橄欖油	一大匙（約60卡）
鹽	適量
胡椒	適量

• 做法

1. 橄欖油爆香大蒜與辣椒。

2. 加入海鮮拌炒後蓋上鍋蓋悶數分鐘至蛤蜊開口。

3. 加入已燙熟之花椰菜、義大利麵拌炒，並加入鹽、胡椒調味。

❶ 花椰菜一棵
70卡

❷ 義大利麵一份
250卡

❸ 海鮮2種約120卡

❹ 橄欖油
一匙60卡

備註
花枝和蛤蜊都是高蛋白、低脂肪、高營養的食材。蛤蜊10顆不到50卡，花枝100克約只有70卡熱量，加上爆香的大蒜橄欖油，風味非常迷人！大量的花椰菜可以增加飽足感，自己料理出媲美餐廳等級的低熱量美味大餐！

下午點心／100卡：

蘋果或綜合
水果一盤
（100卡）

＋

花果茶
（0卡）

備註
花果茶包可以泡成一大壺香香的熱茶慢慢喝，會讓整個下午心
情超好 der～水果可以選擇其他喜歡的水果，約莫兩個拳頭的
量；當然要繼續吃繽紛水果盤也可以！

晚餐／400卡：

豆腐菇菇蒸魚
（200卡）

＋

奶油青菜
（80卡）

＋

五穀飯半碗
（120卡）

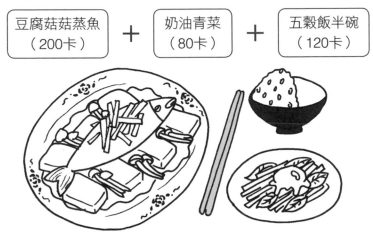

豆腐菇菇蒸魚（200卡）＋奶油青菜（80卡）＋五穀飯半碗（120卡）

（總熱量約400卡）

• 食材

魚肉
（儘管不同魚種的熱量略有不同，但不會差異太大，可以計算為100卡左右）──────── 300g（約100卡）

市售板豆腐半盒 ──────── 100g（約80卡）

菇菇 ──────── 早上剩下的另一半（約20卡）

青菜（可使用早上沒煮完的菠菜）──────── 一大把（約20卡）

奶油一塊 ──────── 6g（約50卡）

蒸魚醬油（或醬油與少許糖、味淋調出醬汁）──────── 適量

• 做法

1. 準備一個可放入蒸鍋的盤子。

2. 豆腐切薄片平鋪於盤中，菇菇切細鋪在豆腐外呈現一個菇菇圈。

3. 魚肉切薄片，鋪在豆腐上。

4. 淋上蒸魚醬油後放入蒸鍋蒸約10分鐘。

5. 等待蒸魚同時，燒開少許水，燙菠菜。

6. 菠菜燙至熟軟後盛入盤中，拌入奶油與適量鹽巴。

這個料理很簡單快速，可以同時烹煮，完成奶油菠菜時，魚肉也已蒸好，搭配五穀飯，就是均衡清爽、高纖低脂富含DHA的健康晚餐！

宵夜／100卡：

果凍一個或綜合水果一小份（30卡）	+	優格或優酪乳100CC（50卡）	+	雞精一瓶（20卡）

水果熱量其實不低，要怎麼樣攝取水果，才不會不知不覺吃下過多的糖分呢？

小陸媽咪提供一個小撇步：**「小小塊，慢慢吃！」**

很多人喜歡豪邁的大塊吃水果，一顆蘋果可能只切成四份，一下子就吃光光，不過小陸媽咪喜歡把水果切成超級小小塊，一顆蘋果通常可以切成八等份後再把每等份切成三到四小塊，一共可以切到將近三十小塊！

為什麼要切這麼小？因為懷孕很容易餓，只要餓了，我就會拿一塊水果吃。假設拿到一塊大塊水果，當然也是幾口吞下肚，但反之切成小小塊的話，就可以當小點心慢慢吃，同樣一顆蘋果，卻可以吃一個下午，**延長飽足感，是一個解饞又不易胖的方法喔！**

DAY 3 　*1800卡／日

早餐／400卡：

 ## 法式里肌肉蛋吐司佐小黃瓜（400卡）
（熱量約400卡）

• 食材

薄片里肌肉 ……………………………………… 一片（約150卡）

雞蛋 ……………………………………………… 一顆（約70卡）

全麥土司 ………………………………………… 兩片（約150卡）

番茄 ……………………………………………… 半顆（約20卡）

小黃瓜 …………………………………………… 半支（約15卡）

• 做法

1. 小黃瓜、番茄切片備用。

2. 使用不沾鍋無油煎荷包蛋、肉片，撒鹽與胡椒調味。

3. 全麥吐司乾煎或烤兩分鐘增加香氣後加入小黃瓜、番茄片、荷包蛋與肉片，即成為美味健康的肉蛋吐司，可以對切成二等份慢慢吃喔！

❶ 薄里肌肉 150卡

❷ 無油煎蛋 75卡

❸ 全麥土司×2＝150卡

❹ 番茄半個 20卡

❺ 黃瓜片 15卡

小陸媽咪推薦－手沖淡雅黑咖啡

（總熱量約0卡）

• **材料**

咖啡豆磨成適合手沖的粉末
（要偏細，比較香）⋯⋯⋯⋯⋯⋯⋯⋯ 一杯的量（約兩湯匙）

手沖咖啡相關器材（手沖壺、過濾杯、咖啡壺、濾紙）

保溫瓶一個

　　當然可以直接使用市售的手沖咖啡掛耳包，簡單方便，但是小陸媽咪喜歡去自己愛的咖啡店買豆子，使用手沖器具，在家慢慢沖，會有「家裡就是咖啡店」的幸福心情呢！

• 做法

1. 先用少許熱水沖洗濾紙並倒掉水（避免濾紙的雜味順便溫熱咖啡壺）。

2. 放入兩湯匙咖啡粉（原為沖泡200CC咖啡的量）。

3. 以手沖壺每次100CC的水量分數次徐徐沖入400~500CC熱水，即可得到香氣十足口感卻非常清爽的手沖淡雅咖啡。

4. 將沖泡完成的超淡咖啡裝入保溫瓶中，可以慢慢享受溫熱優雅的咖啡香喔！

備註

嗜咖啡如命的小陸媽咪，懷老大老二都很乖的戒咖啡，但是懷老三的過程中每天都喝「一整壺」咖啡！我就是使用「將一小杯200CC美式黑咖啡稀釋成400CC淡咖啡」的招數，把醫生建議每天可以攝取的咖啡量減到更安全的範圍，卻多加水稀釋，如此可以盡情享受咖啡淡淡的香氣，又不會攝取過多的咖啡因。實測結果：不但我每天都心情愉快，生出來的三寶比姐姐們更乖巧、愛笑、好睡、好養！所以愛喝咖啡的孕媽咪們，不妨試試為自己手沖一壺淡淡的黑咖啡吧！

早上點心╱100卡：

淡雅黑咖啡
（0卡）

＋

綜合堅果約20顆
（100卡）

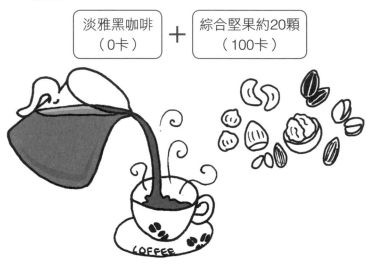

午餐╱500卡：

雞肉豆腐起斯漢堡排
（400卡）

＋

香煎時蔬
（100卡）

雞肉豆腐起司漢堡排（**400**卡）＋ 香煎時蔬（**100**卡）

（總熱量約500卡）

● 食材

雞肉	150g（約150卡）
市售板豆腐半盒	100g（約80卡）
雞蛋	一顆（約70卡）
起司	一片（約70卡）
鹽	適量
胡椒	適量
橄欖油	一匙（約30卡）酌量使用

適合煎的蔬菜

洋蔥	一顆（約30卡）
櫛瓜	一條（約20卡）
杏鮑菇	一條（約20卡）

● 做法

1. 雞肉切碎、板豆腐壓碎、洋蔥切碎後加入鹽一小匙、胡椒少許，混合攪拌。

2. 將雞蛋打入（1）的材料中，分成數顆小圓球，壓成扁扁的漢堡圓餅狀。

3. 用少許橄欖油煎漢堡排，煎到兩面焦黃後裝盤。

4. 煎鍋續煎蔬菜：將各種蔬菜切片後以少許橄欖油煎至略有焦黃後翻面，撒少許水，蓋鍋蓋悶約一兩分鐘使蔬菜口感變柔軟即可，撒上適量鹽與胡椒調味

5. 把香煎時蔬裝飾在漢堡排旁邊，就是一道美美的料理囉！

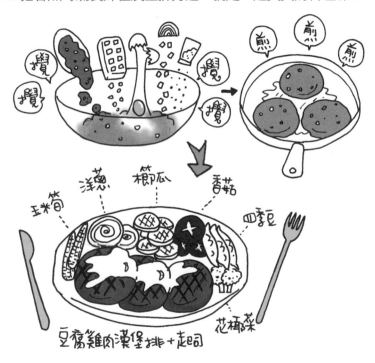

下午點心／100卡：

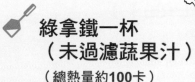

綠拿鐵一杯
（未過濾蔬果汁）

（總熱量約100卡）

• 食材

喜歡的甜味水果 ··· 適量
（如：蘋果兩片、芒果一塊、鳳梨一塊、香蕉半支……）
蔬菜 ·· 適量
（如：芹菜一支、紅蘿蔔半根、萵苣數葉、菠菜葉一把……）
水 ··· 一杯200CC

• 做法

將食材清洗乾淨後切小塊丟進果汁機內，與水共同攪打至無
明顯顆粒即可。

備註

喝過綠拿鐵了嗎？其實綠拿鐵就是蔬果汁啦！只要是喜歡的蔬
果都可以丟進去果汁機裡攪打，不同於「果汁」，綠拿鐵很重
視「綠色蔬菜」，所以可以丟萵苣、菠菜、芹菜等富含鐵質、
纖維質、葉綠素的蔬菜，這些蔬菜攪打後比煮食更不易流失養
分也更容易吸收，對孕媽咪有很大的助益！不過記得蔬果都要
清洗乾淨，水果可以選擇有甜味的會讓味道更順口喔！如果是
早上空腹喝，還可以清腸健胃，幫助體內環保呢！

鮭魚排（300卡）＋香煎時蔬（100卡）＋葡萄汁氣泡水（100卡）

（總熱量約500卡）

• 食材

鮭魚排 ··· 一片

適合煎或炒的蔬菜（可與中午相同，亦可替換為自己喜愛的清炒蔬菜）

份量小的麵包（例如：雜糧小圓麵包、法國長棍兩片、全麥吐司一片；也可替換成1/3碗飯）····················· 一份

鹽 ·· 適量

胡椒 ·· 適量

檸檬片 ·· 適量

香草類調味料（煎鮭魚很適合搭配義大利綜合香料或迷迭香類香草植物呢）·· 適量

葡萄汁 ······································· 一杯50CC

氣泡水 ·· 一瓶

- 做法

1. 平底鍋不須放油，乾煎鮭魚（一面煎出焦黃後翻面，撒少許水蓋鍋蓋悶煎約兩分鐘即可），撒上適量調味。

2. 以鍋內逼出的魚油香煎蔬菜，或清炒喜愛的蔬菜。

3. 麵包略烘烤後即可將鮭魚、蔬菜共同擺盤，瞬間有置身高級餐廳的感覺！

4. 將葡萄汁加入氣泡水中會變成淡雅的香檳口感，好好犒賞辛苦懷孕的自己一下吧！

備註

鮭魚雖然熱量不低，但是含有豐富的魚油與DHA，又是屬於低GI的食材，所以不會引起血糖劇烈的波動，對於孕媽咪來說，好處多多，多吃一點也無妨！

宵夜／200卡：

杏仁小魚乾一小碟
（100卡）

+

媽媽牛奶一杯
（100卡）

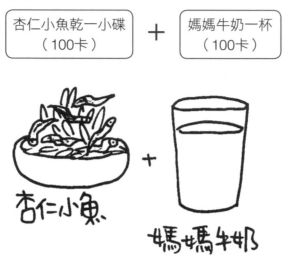

杏仁小魚

+

媽媽牛奶

★ 以上這些菜單都歡迎大家再舉一反三的替換菜色，記住一個小原則：**「替換同種類的食物」**，如：蔬菜換蔬菜、水果換水果、雞肉換牛肉、魚肉換海鮮……那麼熱量跟營養都不會差太多同樣可以放心享用！可別把「菜類換成肉類」或「水果換成麵包甜點」哦，畢竟這些菜單的目的不是要減肥，而是要維持健康美麗的身心。所以謹記「均衡」的原則，總熱量不要差太多，都將是獻給懷孕的自己最美味健康的饗宴！

優雅孕媽咪的美味魔法食譜 看過來，健康營養低卡料理在這裡！

外食輕鬆配！

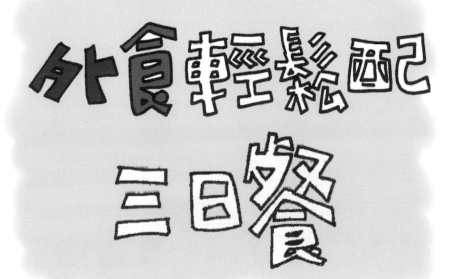

效果：滿足孕媽咪的口腹之慾，提供外食的健康選擇，自
　　　己吃的開心，寶寶更能快速成長！

不吃飽，怎麼有力氣減肥！？

這句話雖然有點好笑，但是千真萬確喔！

前面說過，以一個50公斤的女性來說，一天所需的熱量只需要1500卡！懷孕初期並不需要多增加熱量攝取，就算是懷孕第二期、第三期，其實每天也只需要增加300卡左右，也就是1800卡／日就足夠。那這份2000卡／日的菜單會不會反而讓孕媽咪吃太多呢？

一點也不會，因為這份食譜裡面暗藏了「小心機」－也就是「進食順序」的奧妙！

這份食譜將主要攝取的澱粉類熱量控制在「下午茶以前」，傍晚以後以清爽高纖維的食物為主，這**神奇的順序，可以在白天新陳代謝好時代謝掉多餘的熱量**，晚上還給身體一個休息的空間。只要有毅力在晚餐過後只吃清燙蔬果，那麼身體就不會累積多餘的負擔。

吃飽才有力氣減肥！

而這份食譜還有一個特色：**以「外食」－在外面容易購得的料理為主**，有便利商店、早餐店、便當店與小吃的選項，很適合沒空自己煮或者想變換口味的孕媽咪。由於外食的熱量不低，一不小心就會超出熱量攝取的標準，因此，也特別選擇營養較均衡的外食菜單，供媽咪們參考！

DAY 1　*2000卡／日

早餐／400卡：

> 海苔御飯糰
> （250卡）

　＋

> 高纖豆漿一盒
> （150卡）

備註

便利商店必備的御飯糰大約都在250卡內，搭配一盒高纖低糖
豆漿或米漿，通常都有折扣優惠，划算的美味！

早上點心／100卡：

> 香蕉
> （100卡）
>
> ＋
>
> 淡雅手沖咖啡
> （0卡）

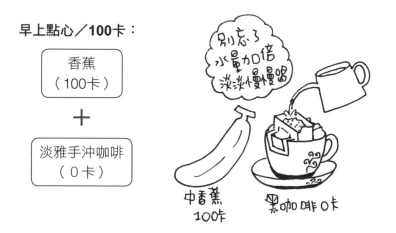

午餐／700卡：

香烤雞腿飯（半碗五穀飯＋
多一道青菜；700卡）
＋
氣泡水
（0卡）

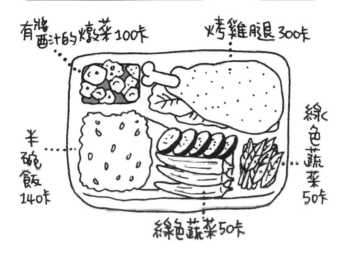

有醬
酒汁的燒菜100卡

烤雞腿 300卡

半
碗
飯
140卡

綠
色
蔬
菜
50卡

綠色蔬菜50卡

備註

便當其實是很均衡的選擇！

但有幾個地雷要特別注意：

一、「油炸類厚厚的麵衣」會讓熱量多出一兩百卡！

二、「容易吸油的蔬菜」如茄子、番茄炒蛋、乾煸四季豆的熱
　　量較高！

三、「過多的飯量」！

建議避開較高熱量的菜色，**選擇烤類主菜與清炒的配菜，**也可
跟店家詢問是否可以把一半的米飯換蔬菜哦！

下午點心／200卡：

古早味烤蛋糕一片
（100卡）
＋
綜合蔬果汁
（100卡）

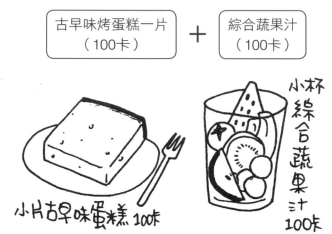

小片古早味蛋糕100卡

小杯綜合蔬果汁100卡

晚餐／500卡：

鍋燒冬粉
（500卡）

鍋燒冬粉500卡

備註

冬粉的熱量低，是主食的好選擇，而鍋燒冬粉通常都會有肉、
蛋、蔬菜，十分均衡！不過湯頭可別加高熱量的沙茶醬，記得
選擇清湯喔！

宵夜／100卡：

燙玉米筍、
秋葵、
蘆筍、
小番茄
（100卡）

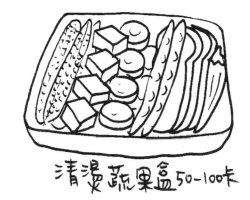

清燙蔬果盒50-100卡

備註
可以一次把三天份的蔬菜先燙起來；每晚的份量大約是一個便當盒的量。選擇比較不會出水的蔬菜，如：玉米筍、秋葵、杏鮑菇、蘆筍、紅蘿蔔、竹筍、四季豆等等，也可同時搭配可以生食的蔬果如小番茄、萵苣、蘋果、芭樂等等。

★ 小陸媽咪好喜歡喝咖啡或茶喔！而且黑咖啡或無糖茶的熱量都趨近於零，很適合怕胖的孕媽咪！但，如果對於咖啡因非常介意的孕媽咪，請別勉強！除了咖啡、茶等含咖啡因的飲料外，孕婦還有很多沖泡式零熱量健康養生飲品的選擇，例如：玉米鬚茶、牛蒡茶、國寶茶、康福茶、紅棗茶、薑片茶、富含維他命C與花青素的花茶果茶……可以每天變換不同的飲品！

DAY 2　*2000卡／日

早餐／400卡：

五穀饅頭夾蛋
（300卡）
＋
小杯薏仁漿
（100卡）

備註

早餐店有很多選項會太過油膩，像油煎的蛋餅、蔥抓餅、煎餃、蘿蔔糕、炒麵等等，會在不自覺的狀況下攝取過多油脂，建議選擇用蒸或烤的饅頭、吐司類主食搭配蛋或肉，比較健康！另外，孕媽咪要盡量避免火腿、熱狗、香腸、組合漢堡肉這類含亞硝酸鹽的加工食品喔！

早上點心／100卡：

> 全麥方塊酥或餅乾
> 6片（100卡）
>
> ＋
>
> 無糖茶
> （0卡）

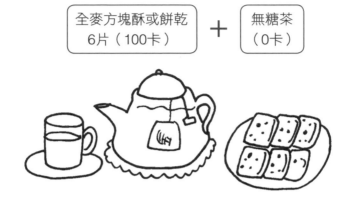

午餐／750卡：

> 烤魚便當
> （700卡）
>
> ＋
>
> 青菜豆腐湯
> （50卡）

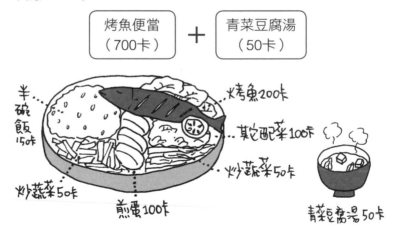

半碗飯150卡
炒蔬菜50卡
煎蛋100卡
烤魚200卡
其他配菜100卡
炒蔬菜50卡
青菜豆腐湯50卡

| 備註 |

魚類主菜比起肉類的熱量來得低，也有更多對寶寶有益的 DHA，再加上一碗青菜豆腐湯，補充纖維質與蛋白質！

下午點心／200卡：

┌─────────────┐   ┌─────────────┐
│ 綜合水果   │   ＋   │ 無糖優格   │
│ （100卡）   │   │ （100卡）   │
└─────────────┘   └─────────────┘

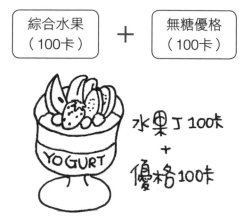

水果丁100卡
＋
優格100卡

┌───┐
│ 備註   │
│ 水果跟優格超搭！又助消化，可以幫助體內環保！ │
└───┘

陳皞偉營養師建議

・希臘優格的特色

　　希臘優格使用了約一般優格4倍的牛奶份量，因此有更高的營養密度與飽足感，但市面上部分產品常常為了口感再添加其他添加物，建議儘量選擇較無其他添加物的產品，減少身體過量的負擔。

晚餐／500卡：

> 牛肉湯
> （330卡）

＋

> 綜合滷菜
> （170卡）

清燉牛肉湯330卡 ＋ 三樣滷味170卡

備註

牛肉湯建議選擇「臺南風格」也就是清燉湯頭為佳，因為紅燒湯頭時常太鹹太油，會增加身體的負擔；而牛肉對於寶寶發育超棒的，是外食選項中的VIP！市售一碗牛肉湯會根據肉類部位的不同大約落在300-350卡左右，為了不要累積太多熱量，今晚不吃主食，改以滷菜來增加飽足感，不過170卡的額度建議選擇一個海帶10卡、一片豆干60卡、一塊米血100卡就好，可別點太多！

也非常推薦自己燉一鍋牛肉湯慢慢喝！只要把食材的熱量相加起來，就可以推算整鍋湯的熱量，低卡美味又有飽足感！

洋蔥2½卡 + 白蘿蔔2½卡 + 紅蘿蔔30卡 + 牛腱肉-塊300卡 + 塩適量

小火燉2hour

自己燉牛肉湯
更是健康低卡
的美味選擇

用電鍋·燜燒鍋
更方便～

宵夜／100卡：

燙玉米筍、
秋葵、
蘆筍、
小番茄
（100卡）

清燙蔬果盒50~100卡

《健康外食小撇步：清燙蔬果》

如果常外食的孕媽咪，請預先準備好「清燙蔬果」，每天晚上
肚子餓時當點心吃，補足外食較少攝取的蔬果類！建議外食族
群在晚餐後盡量少吃甜點或零食，才能有健康的寶寶與穠纖合
度的身材！

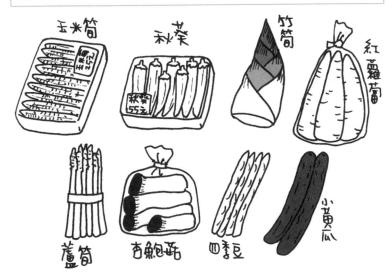

玉米筍　秋葵　竹筍　紅蘿蔔

蘆筍　杏鮑菇　四季豆　小黃瓜

DAY 3 　*2000卡／日

早餐／330卡：

 筍香肉包
（300卡）
+
 黑豆茶
（30卡）
 ＋

① 洗過晾乾的黑豆一斤放入預熱的平底鍋♥

　☆用舊平底鍋才不會因久炒變黑而心疼哟！

② 鍋內**不要**放油！小火乾炒約 **20** 分直到焦香味。

〈喜歡喝重烘焙咖啡香的人請再多炒 **5** 分鐘〉

③  將黑豆適量分裝入袋 即可沖泡！

　沖泡約 **20** 分的濃度最香醇！

　泡完的黑豆也可以吃呢！

不想冒險喝咖啡又想念咖啡香的時候，提供一個小陸媽咪的妙招：就是自己烘炒黑豆茶！炒黑豆一點都不難，只需要二十分鐘左右的時間，就可以烘炒出濃濃的類似咖啡豆的香氣。炒香的黑豆只要沖熱水，就會出現烘焙香，不但有黑豆茶的療效，也很有喝咖啡的療癒感，歡迎一起試試看！

　　小陸媽咪都一次烘炒一斤黑豆，然後用濾茶袋分裝成三十包左右，可以喝好久！（黑豆茶在坐月子期間也超好用喔！當水喝對於滋補身體跟消水腫很有效！）

早上點心／170卡：

茶葉蛋
（70卡）

＋

優酪乳
（100卡）

午餐／700卡：

> 蔬果沙拉
> （100卡）

＋

> 起司豬排義大利麵（或便利商店販售之600卡左右料理皆可；600卡）

> 備註
>
> 便利商店販售的各種口味義大利麵、燴飯等大多在500～600卡之間，都是中午想吃較重口味時不錯的選擇，只要搭配蔬果沙拉就可以讓營養更均衡！

下午點心／100卡：

蒜香青豆兩小包
（100卡）

＋

無糖茶
（0卡）

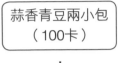

晚餐／500卡：

果汁氣泡水
（100卡）

＋

鹹水雞拼盤（雞肉一份200卡、豆腐一份50卡、蔬菜三份100卡、調味醬汁50卡；共400卡）

備註

鹹水雞熱量低、蔬菜多，是嘴饞想吃小吃時很棒的選擇！如果同樣的食材替換成滷味，會比鹹水雞高出兩成的熱量；替換成油炸的鹽酥雞則會變成雙倍的熱量。所以如果想控制身材，選擇清爽的鹹水雞料理方式最安全！

宵夜／200卡：

清燙蔬果（三樣蔬菜、兩樣水果；100卡）　＋　媽媽牛奶一杯（100卡）

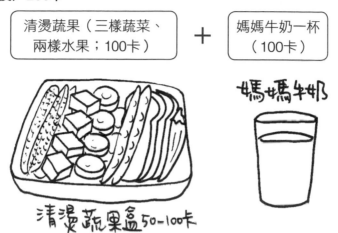

媽媽牛奶

清燙蔬果盒50-100卡

陳皡偉營養師的綜合分析

　　這些關於孕期飲食的內容是小陸三寶媽咪自身的經驗談，匯集她的親身經歷，給正要懷孕或已經懷孕的媽咪「最貼近生活」的建議，將艱澀的「營養學」，轉化成一般人能輕鬆完成的「飲食指南」，**易懂、易讀、易執行**，是最大的特色。從營養師的角度看來，理論與現實常有很大的差異，但書中內容完美的彌補了這條鴻溝，如果妳是新手媽咪，或是對上一胎懷孕過程體重控制或飲食內容不是很滿意的媽咪，妳將在這本書中得到改善的解答！

健康美食自由配

除了前面介紹的食譜之外，孕媽咪的餐點還可以怎麼變化，才能兼顧健康低熱量又符合自己的胃口呢？

◆ 小陸媽咪健康好食再追加，獻上《美味餐點連連看》

・不知道該吃什麼嗎？

下方的表格是小陸媽咪列舉出健康的食材，以「澱粉主食／蔬菜／水果／豆魚肉蛋類的優質蛋白質／飲品」來分類，同時標示出大致的熱量，只要輕鬆連連看，挑出今天想吃的東西，就可以完成為自己量身打造的不發胖菜單哦！

但，若連連看裡面都沒有喜歡吃的東西怎麼辦？

沒問題！

只要掌握「多元」、「健康」、「喜歡」的原則，加上自己喜歡的食材，來豐富這份表格，幫美味連連看，就可以輕鬆創造出自己最愛吃的菜單。

・一起來創作料理吧！

（熱量只需取大約值，如果要精準的數字，需要以自己吃的份量上網尋找熱量表格去換算。其實，身為孕媽咪不用斤斤計較熱量，大概參考就可以了！）

＊健康食材／熱量　一覽表

澱粉類	高纖蔬菜	優良蛋白質	低糖水果	健康飲品
饅頭一個／200卡	烤番茄一個／25卡	低脂牛肉片100克／150卡	葡萄10顆／80卡	低糖豆漿100ml／60卡
全麥吐司兩片／150卡	清燙玉米筍一份10隻／30卡	蛋一個／80卡	香蕉一根／60卡	鮮奶100ml／50卡
五穀飯一碗／230卡	清燙綠色蔬菜一份／30卡	無油煎雞胸肉一片／60卡	芭樂一顆／60卡	米漿100ml／70卡
中型烤地瓜一個／135卡	清炒蔬菜一份／100卡	蒸魚一份兩百克／100卡	蘋果一顆／60卡	有糖優酪乳100ml／60卡（無糖100ml／50卡）
蕎麥麵一碗／200卡	滷白菜一份／100卡	水煮鮪魚一小罐／80卡	奇異果一顆／50卡	沖泡式穀漿200ml／150卡
高纖燕麥餅乾一片／50卡	薑絲炒木耳一份／50卡	清燉牛肉湯一碗／300卡	火龍果一顆／60卡	淡美式黑咖啡100ml／10卡
水煮玉米一隻／90卡	水煮花椰菜／20卡	清燙鮮蝦一隻／10卡	木瓜半顆／50卡	無糖香草茶／0卡

蒸芋頭一個／100卡	海帶芽湯一碗／20卡	豬肝湯一碗／150卡	梨子一顆／50卡	椰子汁100ml／20卡
烤南瓜100克／60卡	麻油炒菇菇一份／80卡	燉雞湯（一隻雞腿）／350卡	櫻桃一顆／5卡	無糖檸檬水／0卡（蜂蜜檸檬100ml／20卡）
水餃一顆／50卡	烤香菇一朵／5卡	涼拌豆腐一塊／100卡	橘子一顆／80卡	黑糖冬瓜檸檬飲100 ml／30卡
無糖薏仁湯一杯300CC／150卡	奶油拌蔬菜一份／80卡	魚肚湯一碗／130卡	棗子一顆／30卡	甘蔗汁100ml／70卡
藜麥飯一碗／250卡	番茄蔬菜湯一碗／50卡	薑絲蛤仔湯一碗／60卡	酪梨半顆／70卡	綜合果汁100 ml／30卡
菠菜麵條一碗／280卡	胡麻醬拌秋葵10隻／80卡	煎低脂牛排一片200克／200卡	百香果一顆／30卡	養生茶包：如牛蒡茶、玉米鬚茶／10卡
冬粉一束／140卡	未過濾綜合蔬菜汁一杯／100卡	醬油滷豬肉一份150克／300卡	桃子一顆／60卡	媽媽奶粉100 ml／70卡

Part 5

懷孕動一動，寶寶健康發育，媽媽有活力

輕鬆小運動，大大加健康。

孕媽咪健康，全家都幸福！

輕鬆小運動，大大加健康

孕期運動好處多多

根據內政部統計，臺灣每5個女性就有1個35歲才懷第一胎。懷孕年齡漸增，更擔心寶寶生長，認為懷孕就該休息養胎，運動似乎成為危險挑戰。

多項研究已證實：孕婦運動，並不會增加早產或低出生體重的風險。美國婦產科醫學會（ACOG）指出：**「靜止不動的生活方式可能會影響孕婦健康」，鼓勵孕婦可適量運動。**

小陸媽咪在第一胎、第二胎時很懶，每天頂多散散步，幾乎沒有做讓自己心跳變快的運動，現在看當時懷孕的照片，懷胎九月時的身體都鬆鬆軟軟的，不像懷老三時，身體還感覺的出有些肌肉，這就跟「運動習慣」有很密切的關係喔！

小陸媽咪其實很怕運動，但是近幾年找到一種很輕鬆的運動方式，就是「跟著老師動ㄘ動」！只要打開Youtube頻道，搜尋任何運動的關鍵字，就會有好多運動達人的影片可以選擇，因為我耐力很差，所以我也不勉強自己，每天養成只跟影片跳十分鐘健身操的習慣，雖然只有十分鐘，但是持之以恆，身體的線條確實愈來愈好囉！

懷老三以後，我照例天天運動，早上三分鐘，晚上十分鐘，睡前再三分鐘，其實一天只有短短的十多分，一點都不辛苦，身體狀況卻明顯比第一胎、第二胎更有活力呢！

◆ 在孕期維持運動習慣，有哪些好處呢？

一、維持身體新陳代謝

　　適當的伸展運動可以改善循環，增進心肺功能，減輕懷孕時頭暈、疲倦的狀況，最重要的是有效改善背痛、肌肉和關節痠痛。

　　輕度的抬腳運動，可以讓懷孕中常遇到的水腫及腿部抽筋情形有明顯改善。

二、降低孕期不適風險

　　運動可以控制體重增加，身體增加血糖的利用率，刺激胰島素分泌，可降低妊娠糖尿病的發生率。運動時，大腦會釋放「腦內啡」，這種物質能使人心情愉快，幫助產婦紓解壓力調解身心，預防產前、產後憂鬱。

三、增強循環有利寶寶成長

運動時，媽媽血液循環加快，能增加流到胎盤的氧氣與養分，幫助寶寶健康發育，也可以讓寶寶在肚子裡跟著搖搖擺擺、與媽媽互動，感受到媽媽心跳加速，增加親子的連結。

四、提升體力產程更順利

現代女性生活型態常常久坐，造成下半身鬆弛、恥骨沾黏等問題。透過運動有助骨盆肌群更靈活，訓練腹部肌肉，有利於生產。

◆ 孕媽咪可以進行到什麼樣的運動程度呢？

黃昭彰醫師說，只要是「自己舒服、微喘」的狀態，都可以喔！

最近有好多影視新聞，報導懷孕的女藝人仍然繼續跑步、騎飛輪等等強度頗高的運動，小陸媽咪佩服之餘，自知懶懶的自己不可能進行這麼高強度的運動，人外有人天外有天、比上不足比下有餘，我們雖然是平凡地方媽媽，還是要激勵自己每天動個十五分鐘左右，至少比懶懶整天當沙發馬鈴薯好，不是嗎？

孕婦的運動，要以「自己舒服」為標準！

通常心跳每分鐘在120到140下，會感覺到出汗、微喘，但還能說話，都是合宜的程度。千萬不要動到覺得肚子會痛，有不舒服請立刻坐下或躺臥休息！若懷孕初期暈眩嚴重、懷孕後期身體不適，都不要勉強，依據自己狀況量力而為，才是對自己與寶貝最棒的方式。

動起來！
早中晚的孕婦運動

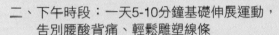

這裡將適合的運動，分為早中晚三種類型：

一、早上起床：伸展肢體，迎接有精神的一天

二、下午時段：一天5-10分鐘基礎伸展運動，
　　告別腰酸背痛、輕鬆雕塑線條

三、晚上睡前：拉筋、抬腿，幫助提升睡眠品質

◆ 早上起床運動

「低頭駝背」是現代人的通病，不只要面對工作壓力、低頭滑手機，孕媽咪還要揹個大肚子，更容易因重力而姿勢不良。

所以每天早上起床。可以做簡易的**肩頸腰胯伸展運動，喚醒身體展開一天的新陳代謝、改善駝背，更可以提神醒腦，讓身體進入燃脂狀態！**同樣的動作也可以在白天覺得腰酸背痛時多做幾次，絕對可以緩解不舒服，讓僵硬的身心都輕鬆起來！

- **床上肩頸伸展運動：**

Step 1.

起床時不用急著起身，平躺在床上，腰背部墊上一個枕頭讓身體略隆起、背部往後開展。

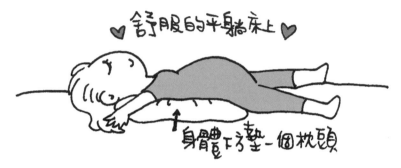

Step 2.

雙腳打開與腰同寬，立起膝蓋，雙手貼住臀部，挺胸、夾緊肩胛骨，把雙手像畫圈一樣向頭部上方慢慢伸展180度，深呼吸3次，再慢慢收回。重複5次。

★ 本動作非常輕鬆，卻可以讓經過一夜睡眠僵硬的肢體恢復靈活，透過深呼吸來喚醒一天的好心情。

• 床上腰腹伸展運動

Step 1.

平躺床上，雙手打開、手心向上，挺胸、夾緊肩胛骨，做出像投降的手勢。

Step 2.

使用腰側與臀部的肌肉力量，左右扭腰連續50下。

★ 本動作可同時開背、活動脊椎、伸展腰部肌肉，有效緩解腰酸背痛。

◆ 下午時段伸展運動：

　　每天五到十分鐘，撥空做**基礎伸展，尤其注重容易痠痛的腰背部延展，告別腰酸背痛、輕鬆雕塑線條。**

　　每天固定的十分鐘伸展操，建議大家可以上網直接搜尋「10分鐘健康操」、「鄭多燕10分鐘」、「10分鐘孕婦瑜珈」、「10分鐘皮拉提斯」……之類的影片，一開始先多看幾種，找出適合自己的強度或節奏，然後每天跟著做，只要10分鐘就很不錯了，身體狀況許可才慢慢往上加。

・椅子伸展運動
（一）坐式肩頸舒緩

Step 1.

坐在有靠背的椅子，雙腳微張，先以右手抓住椅背，將右肩盡量轉向右後方，左肩也順勢扭轉，左手可扶到右椅背為佳。

Step 2.

頭轉回前方，維持此扭轉動作，深呼吸3次，身體再緩緩轉回。

Step 3.

反方向繼續進行，一共進行3-5次。

提醒：

這個動作是用脊椎跟肩胛骨的延展來轉動，而不是用腰唷！肚臍盡量朝向正面，避免以腰部為出力點扭轉。做完可以有效舒緩肩頸僵硬。

（二）坐式伸展放鬆

Step 1.
雙手打開平舉，然後雙手
交互上下舉，重複20次。

Step 2.
雙手手肘彎曲、手指碰
到肩膀，往前畫圈是轉
動10-20次，再往後畫
圈式轉動10-20次。

Step 3.

雙手手肘彎曲，手指碰到肩膀，往後張開到最大，在往前內縮到最小。重複10-20次。

★ 這是三個坐在椅子上可以輕鬆進行的伸展運動，無論是坐在辦公室或者坐著看電視都可以輕鬆練習，像我自己打電腦打累了就會隨時進行，即能趕走昏昏欲睡的疲倦感，也有效改善懷孕久坐的緊繃不適。

◆ 睡前運動：

　　睡前抬腿運動，每天動一動，不僅可維持腰部線條、消除腿部浮腫，更可鍛鍊／維持腹部肌力哦。

睡前抬腿運動，每天都要動一動
保持腰部線條　維持腹部肌力
消除腿浮腫

Step 1.
側躺在床上，腰出力，側邊抬腿30下；換邊再30下。

腰側出力

儘量使用腰際出力，腿抬高再降低，注意！
降低時不要碰到床，保持單腳懸空更有效！

Step 2.

正躺在床上，雙腳交互抬高共60下（腳適度懸空才有效哦）。

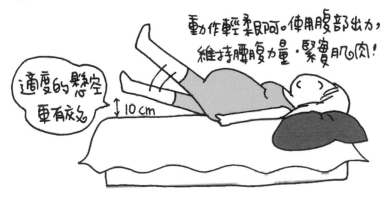

適度的懸空更有效多

動作輕柔取啊。使用腹部出力，維持腰腹力量，緊實肌肉！

↕ 10 cm

Step 3.

側躺在床上，利用屁股肌肉的力量，將抬腿起20下；換邊再20下（腿離床10公分效果更好）。

使用屁屁的肌肉，有效舒緩腰部痠疼！

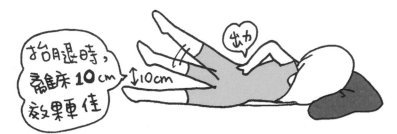

抬腿時，離床 **10 cm** 效果更佳

↕10 cm

出力

2 分鐘睡前抬腳P運動，輕鬆又助眠 ZzZz...

享健康 *008*

優雅孕媽不發胖
【全插畫圖解】熟齡孕媽咪養胎不養肉，
聰明吃、快樂動，好孕全記錄！

醫師、營養師、教練驗證；易懂、易讀、易執行！

作　　者	陸昕慈（三寶媽─小陸媽咪）
顧　　問	曾文旭
統　　籌	陳逸祺
編輯總監	耿文國
主　　編	陳蕙芳
文字編輯	翁芯俐
插圖繪製	陸昕慈（三寶媽─小陸媽咪）
封面設計	吳若瑄
內文排版	吳若瑄
法律顧問	北辰著作權事務所

印　　製	世和印製企業有限公司
初　　版	2020年08月
出　　版	凱信企業集團─凱信企業管理顧問有限公司
電　　話	（02）2773-6566
傳　　真	（02）2778-1033
地　　址	106 台北市大安區忠孝東路四段218之4號12樓
信　　箱	kaihsinbooks@gmail.com

定　　價	新台幣320元 / 港幣107元
產品內容	1書

總 經 銷	采舍國際有限公司
地　　址	235 新北市中和區中山路二段366巷10號3樓
電　　話	（02）8245-8786
傳　　真	（02）8245-8718

國家圖書館出版品預行編目資料

優雅孕媽不發胖：【全插畫圖解】熟齡孕
媽咪養胎不養肉，聰明吃、快樂動，好孕
全記錄！／陸昕慈著 . -- 初版 . -- 臺北市
：凱信企管顧問，2020.08
　面；　公分
ISBN 978-986-98690-7-2(平裝)

1. 懷孕 2. 健康飲食 3. 婦女健康

429.12　　　　　　　　　　109006868

凱信集團

用對的方法充實自己，
讓人生變得更美好！

凱信集團

**用對的方法充實自己，
讓人生變得更美好！**